河南省水文站基本资料汇编

岳利军　赵彦增　韩　潮　等编著

黄河水利出版社
·郑州·

图书在版编目(CIP)数据

河南省水文站基本资料汇编/岳利军等编著 . —郑州：
黄河水利出版社,2014.8
ISBN 978 - 7 - 5509 - 0889 - 5

Ⅰ.①河…　Ⅱ.①岳…　Ⅲ.①水文站 - 资料 - 汇编 -
河南省　Ⅳ.①P336.261

中国版本图书馆 CIP 数据核字(2014)第 194483 号

出　版　社:黄河水利出版社
　　　　地址:河南省郑州市顺河路黄委会综合楼 14 层　　　　邮政编码:450003
发行单位:黄河水利出版社
　　　　发行部电话:0371 - 66026940、66020550、66028024、66022620(传真)
　　　　E-mail:hhslcbs@ 126. com
承印单位:河南省邮电印刷厂
开本:787 mm×1 092 mm　1/16
印张:23.5
字数:543 千字　　　　　　　　　　　　　　印数:1—1 000
版次:2014 年 8 月第 1 版　　　　　　　　　印次:2014 年 8 月第 1 次印刷
定价:180.00 元

《河南省水文站基本资料汇编》
编委会

主　　任	岳利军				
副 主 任	赵彦增	韩　潮			
参编人员	周振华	王　伟	刘义滨	赵新智	郑　革
	吕佰超	罗清元	陈　楠	冯　瑛	李　鹏
	刘学勇	刘华勇	焦迎乐	吕忠烈	马松根
	薛建民	陈学珍	陈守峰	梁维富	赵轩府
	王　旭	李继成	张东安	衣　平	赵恩来
	韦红敏	李春正	王丙申	陈丰仓	杨志豪
	刘红广	张志松	张春芳	何　军	

前　言

　　水文既是防汛抗旱、水利建设和水资源管理的"耳目""前哨"与"尖兵",又是经济社会发展的重要公益性基础事业。随着经济社会的发展,水文不仅为防汛抗旱、水利工程建设、水资源管理提供服务,而且为水资源开发、利用、配置、节约、保护以及生态文明建设等提供服务。因此,做好水文基础工作,为社会经济发展提供有力支撑显得越来越重要。

　　水文站基础资料是做好水文管理的基础,是水文站网规划建设的基础,是开展站网优化调整的基础,是面向社会提供全面服务的基础。这些资料包括水文测站位置、概况、站级、设站目的、受水利工程影响程度、测验项目、测流方式、水文特征值、设站时间、测站隶属关系、测站沿革、设施设备、人员、技术方案、技术参数等测站基本信息。

　　为了实现河南省水文站基础信息的规范化、科学化、系统化,河南省水文水资源局组织开展了水文站基础资料收集整理、特征值统计分析、频率计算、站网分布图绘制等工作,并把相关内容刊印成册,把相关矢量图形成电子档案,供今后水文站展板制作、站网管理、站网优化、水文工程设计参考使用。

编　者

2014 年 4 月

目　录

第1章　水文站基本资料整理要求及内容

　　水文站基础资料主要包括水文站管理制度、测站简介及历史沿革、测站任务、测流方案、大断面图、水位—流量关系曲线图、水文站平面布设图、属站管理、洪水频率曲线、站网分布图、河南省四大流域水系图、主要控制站以上流域水系图以及大型水库工程以上流域水系图等。

1.1　资料整理格式与基本内容

1.1.1　测站简介

　　简介主要包括测站的地理位置、历史沿革、控制河流情况、断面情况、观测项目、主要测验方式和设施。

　　该部分包括以下信息：

　　_____水文站位于_____河__岸_____（市、县、乡）_____（村或者街道）。_____年___月由_____设立,现由河南省_____水文水资源勘测局管理。测站是_____河__级支流_____河上的控制站(如果是水库站:测站是_____河__级支流__河上_____水库的_____（入库、出库或者实验)控制站),流域面积_____km²,属___(国家、省)级重要水文站。流域多年平均降雨量_____mm,多年平均径流量_____ m³。

　　_____水文站观测项目有_____、_____、_____。现有_____断面、_____断面;主要测验设施有_____（如缆道、测船或者桥测车等测验设施以及数量);主要测验方式为低水时采用____,中水时采用____,高水时采用____（如果是水库站:主要测验方式可略去)。

1.1.2　水位—流量关系曲线及大断面图

　　河道站在绘制大断面图的同时,在图中绘制水位—流量关系曲线,在图上应标示出最高水位、最大流量以及出现日期。

　　水库站应绘制水位—库容关系曲线及水位—泄量曲线,在图上还应标出最高水位、最大蓄水量、最大泄流量以及出现时间。

1.1.3　水文站平面布设图

　　布设图应绘出河道情况,标出水文站位置以及周围村镇参照物,还应标出部分等高线、基本水尺断面、测流断面、自记井位置等信息。同时,如有缆道、浮标断面、比降断面、临时测流断面等应标出。

1.1.4 测流方案

分为河道站和水库站,河道站主要展示高、中、低水时的测验方式,水库站主要反映不同测验断面的测验方式。

河道站:

水情级别	高水	中水	低水	枯水
水位级				
测流方法				

水库站:

泄水建筑物	溢洪道	非常溢洪道	泄洪洞	电站	输水洞
测流方式					

1.1.5 属站管理

主要用表格反映属站特性,包括下属的雨量站、水位站、站名、站类(雨量站或者水位站)、测验要素(雨量、水位)、属性(汛期或者全年)。

序号	站名	站类	测验要素	属性
1				
2				

1.2 图形设计

1.2.1 洪水频率曲线图

主要运用历史理念最大流量资料率定洪水频率相关参数,绘制洪水频率曲线图,并分别统计 5 年、10 年、20 年、50 年、100 年洪峰流量,以便在发生洪水时能够内插洪峰流量对应的频率。

1.2.2 流域水系图形设计

该部分主要包括全省及分流域站网分布图、各地市水文站网分布图和各水文站以上流域水系图、大型水库以上流域图、重要水文站以上流域图。

(1)全省分流域站网分布图。包括淮河流域、长江流域、黄河流域、长江流域基本雨量站及水文站网分布图。

(2)各地市水文站网分布图。包括全省 18 地市各辖区内水文站网分布图。

（3）各水文站以上流域水系图。对全省水文站流域水系图进行绘制。

（4）大型水库以上流域图。包括大型水库以上流域和雨量站、水文站分布情况。

（5）重要水文站以上流域图。主要是对省内一些重要河流水文站以上流域、雨量站和水文站分布进行绘制。

1.3　示　　例

下面以淮滨水文站为例展示各部分内容。

1.3.1　基本内容

（1）测站简介。

淮滨水文站位于淮河左岸淮滨县城关镇水文巷 8 号,1951 年 4 月由治淮委员会设立,现由河南省信阳水文水资源勘测局管理。测站是淮河干流上的控制站,流域面积16 005 km^2,属国家级重要水文站。流域多年平均降雨量 939.4 mm,多年平均径流量54.24 亿 m^3。

淮滨水文站观测项目有降水量、水位、流量、水文调查、水质水量监测、初终霜、冰情、墒情。现有基本水尺断面、流速仪测流断面;主要测验设施有水文缆道 1 座、测船 1 艘、快艇 1 艘、自记水位井 1 座;主要测验方式为低水时采用测船,中水时采用测船或缆道,高水时采用测船或 ADCP(快艇拖拽)。

（2）大断面及水位—流量关系曲线图。

淮滨水文站水位—流量关系曲线及大断面图见图 1.3.1。

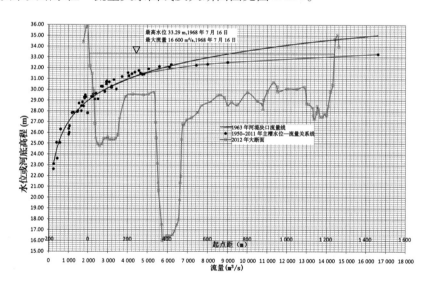

图 1.3.1　淮滨水文站水位—流量关系曲线及大断面图

（3）水文站平面布设图。

淮滨水文站平面布设图见图 1.3.2。

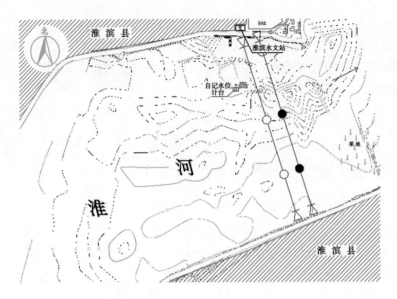

图 1.3.2　淮滨水文站平面布设图

（4）测流方案。

测流方案见表 1.3.1。

表 1.3.1　测流方案

水情级别	高水	中水	低水	枯水
水位级（m）	>30.00	26.00~30.00	23.00~26.00	<23.00
测流方法	测船、ADCP	测船、缆道	测船、缆道	测船

（5）属站管理。

各属站信息见表 1.3.2。

表 1.3.2　属站信息一览

序号	站名	站类	测验要素	属性
1	马集	雨量站	降水量	全年
2	张庄	雨量站	降水量	汛期
3	淮滨	水文站	降水量	全年
4	期思	雨量站	降水量	汛期
5	防胡	雨量站	降水量	汛期
6	赵集	雨量站	降水量	汛期

1.3.2　图形设计

（1）洪水频率曲线图。

淮滨水文站洪水频率曲线见图 1.3.3，洪水频率计算成果见表 1.3.3。

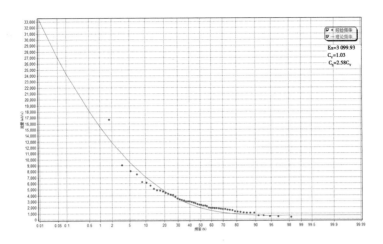

图 1.3.3　淮滨水文站洪水频率曲线

表 1.3.3　淮滨水文站洪水频率计算成果

统计年份	均值	C_v	C_s/C_v	各种重现期洪峰(m^3/s)				
				5 年	10 年	20 年	50 年	100 年
1951~2006	3 100.00	1.03	2.58	4 700	7 060	9 530	12 890	15 490

（2）流域水系图形设计。

淮滨水文站流域水系及位置图。淮滨水文站以上流域站网分布见图 1.3.4,信阳市站网分布(含淮滨水文站位置)见图 1.3.5。

图 1.3.4　淮滨水文站以上流域站网分布

图 1.3.5　信阳市站网分布

第2章 水文站规章制度

俗话说"没有规矩,不成方圆"。规矩也就是规章制度,是用来规范行为的规则、条文,它保证了良好的工作秩序,是水文站工作正常开展的重要保证。通过设置合理的工作流程和制度,能使职工认识到自己的工作职责和如何正确开展工作。因此,规范化的制度建设也是水文站基本资料的重要一部分。

2.1 水文站的各种制度

该部分包括测站安全生产制度、"四随"工作制度、测站业务技术管理制度、测站基本制度、考勤管理制度、ADCP 管理制度等。

2.1.1 测站安全生产管理制度

(1)指导思想。

坚决贯彻"安全第一,预防为主"的安全生产指导思想。

(2)组织领导。

实行站长负责制,水文站站长是水文站安全生产的第一责任人,负责组织学习安全知识,查找安全隐患,及时发现问题、解决问题。

(3)管理规定。

①船舶工作人员必须严格执行船员工作守则,认真养护好测船,严格操作规程,谨慎抛锚、定位,确保安全。

②巡测车驾驶人员要认真学习汽车维修技术及交通规则,遵纪守章,测流时必须设置安全标志或警示灯,确保安全生产。

③水上作业人员应佩戴救生设备和安全带,严格操作规程,做好防落水救生准备。

④贵重仪器要专人负责,妥善保管,熟习操作要领,严禁私自拆卸,否则由此造成的损失由当事人负责。

(4)安全教育。

认真贯彻各级领导有关安全生产的重要指示和各级安全领导部门有关进一步抓好安全生产工作的系列文件精神,严格履行各项安全生产的规章制度。

2.1.2 "四随"工作制度

该部分应包括以下内容:

四随	降水量	水位	流量	含沙量
随测	1. 准时量记,当场自校; 2. 自记站要按时检查,每日8时换纸,无雨不换纸要加水,有雨注意量记虹吸水量; 3. 检查记载规格符号是否正确、齐全	1. 准时测记水位及附属项目,当场自校; 2. 自记水位按时校测、检查	1. 附属观测项目及备注说明当场填记齐全; 2. 闸坝站应现场测记有关水力因素; 3. 按要求及时测记流量	1. 单样含沙量及输沙率测量后,编号与瓶号、滤纸要校对,并填入单沙记载本中,各栏填记齐全; 2. 水样处理当日进行(如加沉淀剂,自动滤沙)
随算	每日8时计算日雨量、蒸发量,旬、月初计算旬、月雨量	1. 日平均水位次日计算完毕; 2. 水准测量当场计算高差,当日计算成果并校核	流量随测随算	烘干称重后立即计算
随整理	1. 日、旬、月雨量在发报前要计算校核一遍; 2. 自记纸当日完成订正、摘录、计算、复核; 3. 月初3日内原始资料完成3遍手,进行月统计	1. 日平均水位次日校核完毕; 2. 自记水位8时换纸后摘录订正上一日水位,计算日平均,并校核; 3. 月初3日内复核原始资料; 4. 水准测量次日复核完毕	1. 单次流量资料测算后即完成校核,当月完成复核; 2. 较大洪峰(二级加报水位以上)过后3日内,报出测洪小结	单样含沙量、输沙率计算后当日校核,当月复核
随分析	1. 属站雨量到齐后列表对比检查雨型、雨量; 2. 主要暴雨绘各站暴雨累积曲线对比检查; 3. 发现问题及时处理	1. 应随测随点绘逐时过程线,并进行检查; 2. 日平均水位在逐时线上画横线检查; 3. 山区站及测沙站应画降雨柱状图,检查时间是否相应; 4. 发现问题及时处理	1. 洪水期流量测验要做点流速、垂线流速、水深测量的正确性及垂线布设合理性检查; 2. 点绘水位—流量关系线并检查偏离程度,水库闸坝站应点绘在系数曲线上检查; 3. 测次点在水位过程线上,检查测次分布; 4. 发现问题,检查原因,确定改正、重测或舍弃,并写出分析说明	1. 取样后将测次点在水位过程线上(可用不同颜色),检查测次控制合理性; 2. 沙量称重计算后点绘单样含沙量过程线,发现问题立即复烘、复秤; 3. 检查单、断沙关系及含沙量横向分布; 4. 发现问题及时处理

2.1.3 测站基本制度

为了确保完成测站的各项工作任务,提高测报工作质量,促进行业管理工作的科学化、规范化和制度化,进一步提高工作效率,调动广大职工的积极性和创造性,特制定如下管理制度。

2.1.3.1 工作制度

(1)职工要自觉遵守上下班时间,做到不迟到、不早退、不旷工(无故缺勤,按旷工处理),有事请假,按时完成各自所承担的工作任务,工作质量全部达到优质标准。

(2)职工要遵守各项规章制度,监守工作岗位,保证工作时间,听从指挥,服从分配,团结一致,努力工作。

(3)工作期间要爱护国家财产,严格执行各项操作规程,禁止违章操作。

(4)坚持请示汇报制度,对各种报表、工作总结要及时上报,对超出职权范围的问题,要先请示,后答复处理,不要擅自做主,自行处理,出现安全问题和其他重大问题要及时上报,决不隐瞒。

2.1.3.2 学习制度

(1)政治学习:每周进行政治学习,主要学习党的路线、方针政策;学习贯彻上级下达的各种文件精神;从思想上、政治上、行动上和党中央保持一致。

(2)业务学习:加强业务学习,主要学习各种技术规定、操作规程、规范、任务书、水情拍报办法等相关技术书籍。注意学习先进的科学文化知识和先进的科学技术,努力提高职工的操作能力。每年汛前举行两次学规练功实际操作比赛和测洪演习。

(3)鼓励职工坚持自学科学文化知识和先进的业务知识,努力造就一批有理想、有道德、有科学文化知识、有业务技术水平的职工队伍。

2.1.3.3 会议制度

(1)定期召开站务会议,检查总结前段工作的完成情况和存在的问题,安排下段的工作任务。

(2)每季度召开一次民主生活会议,发动群众提合理化建议,献计献策,以利于今后测站的工作。

(3)每月召开一次资料质量统计会,检查上月资料和存在的问题,并提出今后改进意见。

(4)定期召开安全会议,检查安全工作情况,发现问题及时处理,不留后患。

(5)每次洪水到来之前,召开战前动员会,布置测洪方案。洪峰过后及时总结。

2.1.3.4 器材管理制度

(1)器材管理人员要坚持原则,照章办事,不徇私情。凡购置和领回的物品要及时验收、入账。出入仓料物要有登记、领用手续。

(2)仓库物品要分类存放,要勤检查、勤整理,保持货物整洁、干燥通风,防止货物霉烂和损坏,易燃、易爆物要专门存放。

(3)仓库要有防范措施,消防设备要经常检查,时刻注意防火、防盗。

(4)贵重仪器、大型物品、测验器材(材料)、易损品、易耗品、防汛料物,一律不准外借和倒卖。否则,要严肃处理,损坏的要照价赔偿,情节严重的报上级处理。

(5)物品外借要经领导签字,办理借用手续。凡借出物品丢失或损坏要照价赔偿。任何人不准到仓库乱拿、乱用公物,否则按物品价值的双倍罚款。

(6)更换配件须经技术人员鉴定后方可以旧换新。

(7)管理不当或使用不当造成物品损坏和丢失的,按物品价值的 20% ~80%赔偿,情节严重的交上级处理。

2.1.4 测站考勤管理制度

(1)职工有事必须请假,站长要妥善安排好职工请假期间测站工作。未请假擅自离开工作岗位的、请假到期不归者一律按旷工处理。

(2)汛期(5 月 1 日至 9 月 30 日)坚持 24 小时值班制度,水文站(队)所有职工原则上不允许休假,必须按时上、下班,不得无故缺勤、迟到、早退。

(3)汛期职工因特殊情况(病假、事假、婚假、产假)请假,应履行请假手续,请假 3 天以内由站长审批;请假 3 天以上必须由本人书面申请,注明请假期限(病假应附县级以上医院证明),由站长签署意见,经勘测局主要负责人批准;站长请假,需经勘测局领导批准,履行请假手续。请假期满应及时销假,超假不归或不按手续请假,均视为旷工。请假期间外勤费停发,请假超过规定期限或旷工,按国家及单位有关规定处理。

(4)非汛期考勤工作由站长结合本单位具体情况,合理安排,统筹做好测站工作的同时,做好职工的轮训、轮岗、轮休工作。

2.1.5 测站业务技术管理制度

(1)水文测站职工必须遵守国家水文技术标准、规范和规程,严格按照"测站任务书"和上级要求开展水文测报等业务。未经省水文水资源局批准,不得擅自变更测验项目,不得擅自降低测报标准。

(2)建立水文测报应急机制,在出现异常暴雨、雷击、洪涝、山洪、泥石流、溃坝、决口等突发性灾害时,要及时向当地政府、防汛抗旱指挥部门、水行政主管部门报告。

(3)水文测站对于定时观测的项目,观测人员应携带记载簿与测具提前到达现场,做好准备工作,正点测记,严禁任意提前或拖后,正点观测项目较多时,应按固定的时序依次观测。

(4)水文测站对于现场测记的数据一律用硬质铅笔(2H)记录,做到书写工整,字迹清晰,项目齐全,严禁擦改、涂改、字上改字。凡规定校测、校读和能够校测校读的数据,均应在现场一测一校,发现问题现场改正或即时采取补救措施。对自动采集仪器,测站要定时校测,经常检查仪器设备运行状况,确保其正常运行。

(5)水文测站要坚持随测、随算、随整理、随分析的"四随"工作制度,按时按质按量完成任务,确保水文测报数据准确、可靠。

(6)水文测站要加强测站原始资料的校核工作,严格一算两校手续,把好原始资料质量关,及时点绘各种过程线、关系图。要重视资料分析,研究各水文要素的变化规律。在站整编工作除数据准确、方法正确外,重点要搞清测站特性、上下游工情,对各水文要素进行合理性检查和分析。

（7）水文资料要妥善管理,严禁伪造,并分门别类集中保存在资料柜中,严防丢失、烧毁、损坏、严重污染。委托站资料要做好交接、备份工作。

（8）水文测站要根据本站的测报任务、洪水特性、仪器设施及人员等具体情况,制定落实两套以上切实可行的测洪方案,确保在发生超标准洪水时能测得到、报得出。

（9）水文测站要严格执行"水情报汛任务书",及时准确提供水文情报,做到随测算、随发报、不缺报、不错报、不迟报。

（10）水文测站应采取巡回测量或访问的方式,现场调查上下游河道、主要城镇及成灾点的水情、工情、灾情、当年发生的特大流量、暴雨量和最小枯水流量以及分洪、决口、淹没范围、干旱等主要事件的发生时间、具体位置等,搜集整理相关资料,并写出专题调查报告。

（11）水文测站应按有关规定做好土壤墒情监测工作。

2.1.6   文明水文站创建

文明水文站应当符合以下标准:

（1）站长领导有力。站长政治立场坚定,作风民主,业务精湛,办事公道,以身作则,求实创新,勤俭节约,组织管理能力强,职工拥护。

（2）工作业绩突出。出色完成年度测报任务书规定的各项工作,严格执行"四随"（随测、随算、随整理、随分析）和"四不"（不错报、不迟报、不缺报、不漏报）制度,圆满完成上级交办的各项工作任务,在年度目标考核中领先。

（3）职工素质较高。认真贯彻落实《公民道德建设实施纲要》和《全国水文职工行为准则》,注重政治理论和业务知识学习,不断提高业务技能。干部职工特别能吃苦、特别能忍耐、特别负责任、特别能奉献。积极开展形式多样的文化体育活动,职工精神面貌积极向上。

（4）内部管理规范。规章制度健全,管理责任落实。认真贯彻执行国家、行业各项水文测报技术标准和业务主管部门制定的技术性文件以及岗位职责、工作纪律、学习培训、安全生产等制度,严格遵守测报操作规程,仪器设备养护良好,运行正常。

（5）站容站貌优美。工作生活区环境清洁整齐,美化绿化,环境优美,无"脏""乱""差"现象。测验保护区水文标志及站牌醒目规范。干部职工举止文明、衣着整洁得体,文化体育活动有场地、有设施。

（6）社会形象良好。主动为当地经济社会发展提供水文服务。积极参与地方精神文明创建活动,创建工作档案资料健全。与当地政府部门和群众关系融洽,得到广泛认可。

2.2   水文测站设施设备操作规程

2.2.1   水文缆道操作规程

（1）缆道检查:地锚不应松动,地锚拉线的锈蚀不应达到影响安全的程度;支架应当牢固,不得出现变形或移位的情况;主索、循环索的磨损情况必须在规范允许范围内;缆道配电房、操控室防意外闯入措施和动力、民用电安全措施必须有效。

（2）维修保养：缆道维修保养必须按计划进行；缆道防雷措施必须有效，接地电阻一般应小于 10 Ω（有明确规定的从其规定）。

（3）关于人员：缆道维修保养时有关安全措施必须到位（例如高空作业时必须系安全带），缆道操作人员必须培训后方可上岗操作。

（4）操作人员按顺序合上电源控制闸、打开操作台电源开关，观察电压、电流仪表；水平、垂直调速显示灯是否正常，连接测深、测速信号仪。

（5）在行车前指定专人在室外观察铅鱼提升是否达到了安全高度，循环索、行车架是否有脱轮现象。

（6）准确操作水平、垂直行车控制按钮，行车运行应缓慢旋转加速钮。

（7）将行车架开至起点距 0.0 m 处，按信号仪复位键，使水平距离归 0，测量开始。

（8）每次水平、垂直行车操作结束前，应将行车钮旋至速度最缓，当行车到达指定位置后，必须按停止钮。

（9）测量结束后，将铅鱼提升至合适高度，开车返回。

（10）按顺序关闭操作台电源，断开供电电源，断开测深、测速信号仪。

（11）清洗流速仪、上油、装箱，测量结束。

（12）特殊情况处理。在测量过程中，如水面出现异常漂浮物和缆道运行异常情况，应及时将流速仪提出水面并停车处理；雷雨天气，如出现强雷要暂停测量，并断开电源和测深、测速信号仪。

2.2.2　水文测船测流操作规程

（1）根据本站河流特性，结合本站测船的测洪能力，且漂浮物较少时，确定采用测船进行测流。

（2）需要测流时，要提前到测流断面，熟悉环境并对测船和过河缆道进行检查，确保所有设备运转正常后，方可开始施测流量。

（3）夜间测流时，要认真检查过河灯、探照灯以及供电线路是否正常。

（4）上船测流人员必须穿救生衣。

（5）测流过程中，应指定一名人员负责测船安全，特别要注意拉船与掌舵人员要协调一致。

（6）测船的周围应设置防护栏，保证人员的安全。

（7）测流过程中，测深人员要抓紧测船的扶手，以保证安全。

（8）拉船人员在拉船的同时，应密切注视上游的水情变化及漂浮物情况，发现不安全因素及时返航。

（9）测流完毕，根据河流涨落情况，把船固定在恰当位置，以保证测船的安全。

2.2.3　水文涉水测流操作规程

（1）测验人员要穿上胶裤（或雨鞋）、救生衣等保护用品。

（2）洪水期间,测验断面上游 100 m 处设置安全员,注意上游来水情况,水流加大时及时通知断面施测人员撤离。

（3）水深和流速适合涉水测流无危险时施测,涉水时用测深杆探路行走,防止掉入深坑。

（4）若河底为淤泥,不要停留时间太长,防止双脚陷入过深难以移动。

（5）夜间施测应有照明设备。

2.2.4　桥测车及巡测车辆管理规程

（1）车辆须专人维护,定期检查,非工作人员严禁私自操作。

（2）车载测流设备应定期维护,确保设备工作正常。其中,钢丝绳无锈斑、无断股;电动绞车的电瓶须定期做充放电维护;液压系统应定期维护,确保设备各部件运转正常;信号线、记录仪等须定期检查,确保信号正常。

（3）车载转动部件或伸出车体部分应喷涂较为明显的警示色。其中,水文绞车吊臂及铅鱼等应部分喷涂荧光涂料。

（4）随车须配备必要的消防器材、操作警示及紧急情况下用以切断钢丝绳的工具。

（5）测流时须在工作区内设立明显的警示标志,工作人员必须穿救生衣,严格执行操作规程,严禁违章作业。

（6）在雷雨天测流时,要采取有效的防雷措施,或者改用其他测流方式。

（7）车辆日常管理与公务车辆相同。

2.2.5　ADCP 操作规程

（1）在开箱安装、使用、清理、装箱时一定防止碰撞 ADCP,以免震坏换能器及内部元件,违规操作的责任自负。（特别注意仪器不能碰撞,电源正负极一定不能接反）

（2）换能器面不能压在硬物上,也不能长期受太阳光照射。

（3）每次测量开箱时,要认真检查箱里的设备及配件,并给 ADCP 戴上护帽。

（4）每次插 ADCP 的插头时,要抹一点硅脂,插好 ADCP 上的插头后,要锁好锁圈,而在拔下插头前,一定要先松开锁圈,然后按正确方法拔下插头。

（5）上船作业人员一定要穿救生衣,严禁在船上吸烟。在安装 ADCP 时,一定要保护好 ADCP,防止碰撞、划伤换能器镜片。安装完毕后再将 ADCP 保护帽去掉。

（6）测流用笔记本电脑,应做到专机专用,定期杀毒、充放电。对测流成果应保存于专用目录中,数据文件应做好文件的备份工作。

（7）测流船只（玻璃钢快艇）实行专人负责管理,测船的维护、保养、操作严格按规定进行。

（8）测流船只未经允许严禁私自外借，否则后果自负。

（9）在进行测流作业时，各岗位人员要分工明确，尽职完成自己的任务。仪器安装做到小心谨慎，船速要平稳，随时注意不安全因素对仪器的危害。

（10）每次测流完成后，按规程将 ADCP 卸下，并清洗设备和有关配件。做好仪器维护、保养，并填好设备使用记录。仪器在装箱时应做好交接记录。

2.3 标志与标识

2.3.1 警示标志

警示标志主要用于水文站设施的张贴，该部分主要包括安全生产、保护水文设施等警示标志，内容如下：

安全生产　人人有责
防汛设施　禁止攀爬
依法保护防汛设施
有电危险

见图 2.3.1。

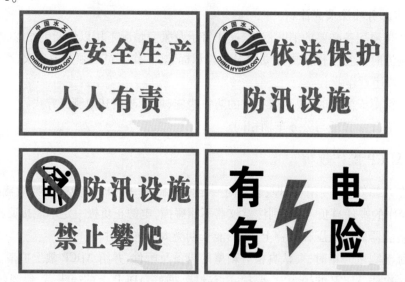

图 2.3.1　警示标识示例图

2.3.2 水文标识

水文标识主要包括 8 个部分：行业标志、旗帜标识、车船标识、国家基本水文站标识、墒情站标识、地下水监测站标识、雨量站标识、水位自记台标识，分别见图 2.3.2 ～ 图 2.3.9。

图 2.3.2　水文行业标志

图 2.3.3　行业旗职

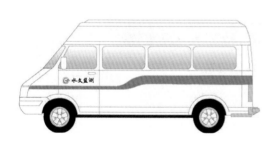

图 2.3.4　车船标识

图 2.3.5　国家基本水文站标识

图 2.3.6　墒情站标识

图 2.3.7　地下水监测站标识

图 2.3.8　雨量站标识

图 2.3.9　水位自记台标识

第 3 章　基础资料整理

本章主要对各水文站基本资料进行了规范和统一整理,并对所需资料进行了收集,主要包括各个水文站的测站简介、大断面及水位—流量关系曲线图、水文站平面布设图、测流方案、属站管理。

3.1　信阳辖区水文站

3.1.1　北庙集水文站

(1)测站简介。

北庙集水文站位于白鹭河左岸王店乡北庙集村,1951 年 6 月由治淮委员会设立,现由河南省信阳水文水资源勘测局管理。测站是淮河一级支流白鹭河上的控制站,流域面积 1 710 km²,属国家级二类水文站。流域多年平均降雨量 1 013.5 mm,多年平均径流量 6.307 亿 m³。

北庙集水文站观测项目有降水量、水位、流量、水文调查、水质水量监测、初终霜、冰情。现有基本水尺断面、流速仪测流断面;主要测验设施有桥测车 1 部,自记水位井 1 座;主要测验方式为低水时采用涉水,中水时采用桥测,高水时采用桥测。

(2)水位—流量关系曲线及大断面图。

北庙集水文站水位—流量关系曲线及大断面图见图 3.1.1。

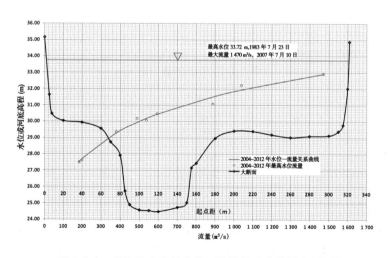

图 3.1.1　北庙集水文站水位—流量关系曲线及大断面图

（3）水文站平面布设图。

北庙集水文站平面布设图见图3.1.2。

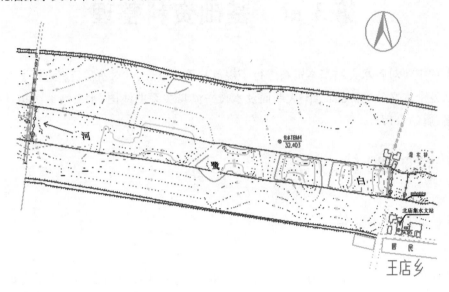

图3.1.2　北庙集水文站平面布设图

（4）测流方案。

测流方案见表3.1.1。

表3.1.1　测流方案

水情级别	高水	中水	低水	枯水
水位级（m）	>31.00	28.00～31.00	25.50～28.00	<25.50
测流方法	桥测	桥测	涉水、桥测	涉水

（5）属站管理。

各属站信息见表3.1.2。

表3.1.2　属站信息一览

序号	站名	站类	测验要素	属性
1	北庙集	水文	降水量	常年

3.1.2　大坡岭水文站

（1）测站简介。

大坡岭水文站位于淮河右岸信阳市平桥区高梁店乡李田村,1952年9月由治淮委员会设立,现由河南省信阳水文水资源勘测局管理。测站是淮河上的控制站,流域面积1 640 km^2,属省级重要水文站。流域多年平均降雨量983.7 mm,多年平均径流量6.055亿 m^3。

大坡岭水文站观测项目有降水量、水位、流量、单样含沙量、比降、水温、冰情、初终霜、水文调查。现有基本水尺断面兼流速仪测流断面、比降水尺上断面、比降水尺下断面;主要测验设施有吊船索1座,测船2艘,自记井3座;主要测验方式为低水时采用涉水,中水时采用测船或比降面积法,高水时采用测船或比降面积法。

（2）大断面及水位—流量关系曲线图。

大坡岭水文站水位—流量关系曲线及大断面图见图3.1.3。

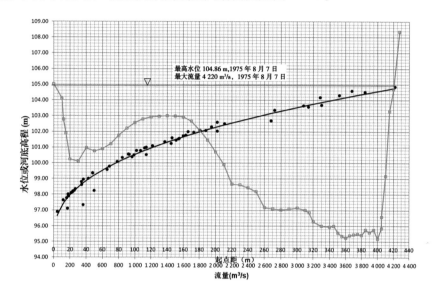

图3.1.3　大坡岭水文站水位—流量关系曲线及大断面图

（3）水文站平面布设图。

大坡岭水文站平面布设图见图3.1.4。

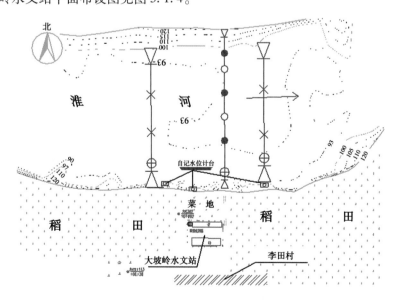

图3.1.4　大坡岭水文站平面布设图

（4）测流方案。

测流方案见表 3.1.3。

表 3.1.3　测流方案

水情级别	高水	中水	低水	枯水
水位(m)	≥102.00	97.50~102.00	96.00~97.50	≤96.00
测流方法	测船或比降面积法	测船或比降面积法	测船	涉水

（5）属站管理。

各属站信息见表 3.1.4。

表 3.1.4　属站信息一览

序号	站名	站类	测验要素	属性
1	固庙	雨量站	降水量	全年
2	桐柏	雨量站	降水量	全年
3	新集	雨量站	降水量	全年
4	吴城	雨量站	降水量	汛期
5	月河店	雨量站	降水量	全年
6	黄岗	雨量站	降水量	全年
7	潘庄	雨量站	降水量	汛期
8	固县	雨量站	降水量	全年
9	回龙寺	雨量站	降水量	全年
10	毛集	雨量站	降水量	汛期
11	大坡岭	水文站	降水量	全年

3.1.3　淮滨水文站

（1）测站简介。

淮滨水文站位于淮河左岸淮滨县城关镇水文巷 8 号,1951 年 4 月由治淮委员会设立,现由河南省信阳水文水资源勘测局管理。测站是淮河干流上的控制站,流域面积 16 005 km²,属国家级重要水文站。流域多年平均降雨量 939.4 mm,多年平均径流量 54.24 亿 m³。

淮滨水文站观测项目有降水量、水位、流量、水文调查、水质水量监测、初终霜、冰情、墒情。现有基本水尺断面、流速仪测流断面;主要测验设施有水文缆道 1 座、测船 1 艘、快艇 1 艘、自记水位井 1 座;主要测验方式为低水时采用测船,中水时采用测船或缆道,高水时采用测船或 ADCP(快艇拖拽)。

（2）水位—流量关系曲线及大断面图。

淮滨水文站水位—流量关系曲线及大断面图见图 3.1.5。

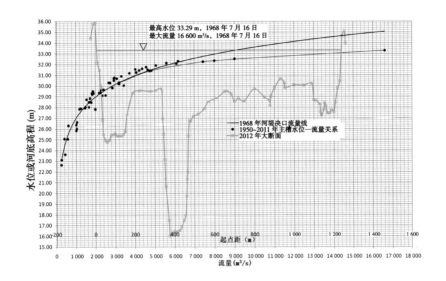

图 3.1.5 淮滨水文站水位—流量关系曲线及大断面图

（3）水文站平面布设图。

淮滨水文站平面布设图见图 3.1.6。

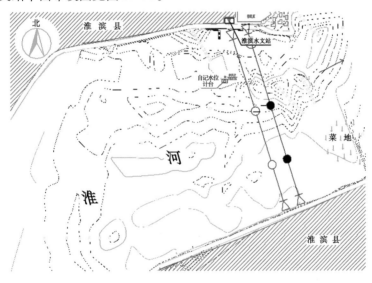

图 3.1.6 淮滨水文站平面布设图

（4）测流方案。

测流方案见表 3.1.5。

表 3.1.5 测流方案

水情级别	高水	中水	低水	枯水
水位级（m）	>30.00	26.00~30.00	23.00~26.00	<23.00
测流方法	测船、ADCP	测船、缆道	测船、缆道	测船

(5)属站管理。

各属站信息见表3.1.6。

表 3.1.6　属站信息一览

序号	站名	站类	测验要素	属性
1	马集	雨量站	降水量	全年
2	张庄	雨量站	降水量	汛期
3	淮滨	水文站	降水量	全年
4	期思	雨量站	降水量	汛期
5	防胡	雨量站	降水量	汛期
6	赵集	雨量站	降水量	汛期

3.1.4　潢川水文站

(1)测站简介。

潢川水文站位于潢河南岸信阳市潢川县城关镇,1951 年 3 月由治淮委员会设立,现由河南省信阳水文水资源勘测局管理。测站是淮河一级支流潢河上的控制站,流域面积 2 050 km^2,属国家级重要水文站。流域多年平均降雨量 1 016.3 mm,多年平均径流量 9.272 亿 m^3。

潢川水文站观测项目有降水、水位、流量、水文调查、水质、初终霜、水温、冰情、墒情。现有基本水尺断面兼流速仪测流断面;主要测验设施有缆道 1 座、全自动桥测车 1 辆;主要测验方式为低水时采用缆道,中水时采用缆道,高水时采用缆道、桥测车、ADCP。

(2)水位—流量关系曲线及大断面图。

潢川水文站水位—流量关系曲线及大断面图见图 3.1.7。

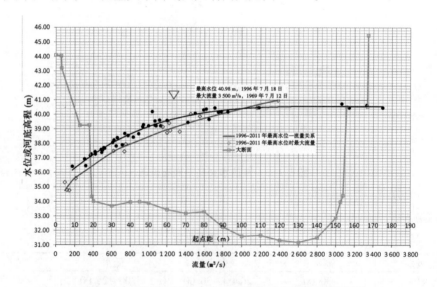

图 3.1.7　潢川水文站水位—流量关系曲线及大断面图

(3)水文站平面布设图。

潢川水文站平面布设图见图3.1.8。

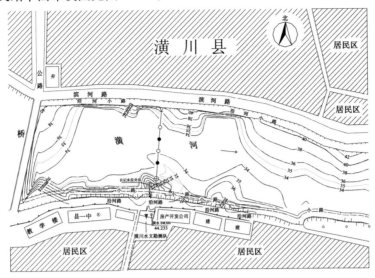

图3.1.8 潢川水文站平面布设图

（4）测流方案。

测流方案见表3.1.7。

表3.1.7 测流方案

水情级别	高水	中水	低水	枯水
水位级（m）	>39.10	36.50～39.10	34.70～36.50	<34.70
测流方法	缆道、桥测车、ADCP	缆道	缆道	涉水

（5）属站管理。

各属站信息见表3.1.8。

表3.1.8 属站信息一览

序号	站名	站类	测验要素	属性
1	竫孜集	雨量站	降水量	全年
2	万河	雨量站	降水量	汛期
3	王湾	雨量站	降水量	全年
4	彭店	雨量站	降水量	汛期
5	潢川	水文站	降水量	全年
6	邬桥	雨量站	降水量	全年
7	卜店	雨量站	降水量	汛期
8	白雀园	雨量站	降水量	全年
9	双柳	雨量站	降水量	全年
10	传流店	雨量站	降水量	汛期
11	白鹭河	雨量站	降水量	汛期
12	张集	雨量站	降水量	全年

3.1.5 蒋家集水文站

(1)测站简介。

蒋家集水文站位于史河右岸固始县蒋集镇大埠口村,1951年4月由治淮委员会设立,现由河南省信阳水文水资源勘测局管理。测站是淮河一级支流史河上的控制站,流域面积5 930 km²,属国家级重要水文站。流域多年平均降雨量1 002.1 mm,多年平均径流量20.85亿m³。

蒋家集水文站观测项目有降水量、水位、流量、单样含沙量、输沙率、蒸发量、水文调查、水质水量监测、初终霜、水温、冰情、墒情。现有基本水尺断面兼流速仪测流断面;主要测验设施有缆道1座、测船1艘、冲锋舟1艘、自记水位井1座;主要测验方式为低水、枯水时采用测船和涉水,中水时采用测船,高水时采用测船或ADCP(冲锋舟拖曳)。

(2)大断面及水位—流量关系曲线图。

蒋家集水文站水位—流量关系曲线及大断面图见图3.1.9。

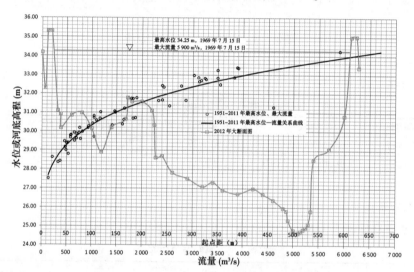

图3.1.9 蒋家集水文站水位—流量关系曲线及大断面图

(3)水文站平面布设图。

蒋家集水文站平面布设图见图3.1.10。

(4)测流方案。

测流方案见表3.1.9。

表3.1.9 测流方案

水情级别	高水	中水	低水	枯水
水位级(m)	>32.00	28.00~32.00	25.80~28.00	<25.80
测流方法	ADCP、测船	测船、ADCP	测船	涉水

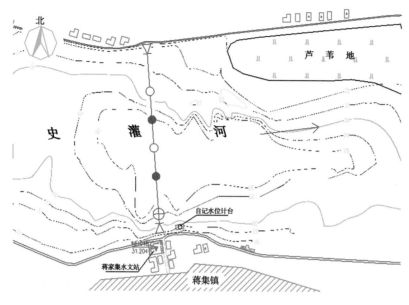

图 3.1.10 蒋家集水文站平面布设图

（5）属站管理。

各属站信息见表 3.1.10。

表 3.1.10 属站信息一览

序号	站名	站类	测验要素	属性
1	三河尖	水位站	降水量、水位	全年
2	陈淋	雨量站	降水量	汛期
3	黎集	水文站	降水量、水位、流量	全年
4	石佛	雨量站	降水量	汛期
5	武庙集	雨量站	降水量	全年
6	二道河	雨量站	降水量	汛期
7	方集	雨量站	降水量	全年
8	郭陆滩	雨量站	降水量	全年
9	固始	水位站	降水量、水位	全年
10	马堽	雨量站	降水量	汛期
11	宋集	雨量站	降水量	全年
12	胡族	雨量站	降水量	全年
13	杨集	雨量站	降水量	全年
14	蒋家集	水文站	降水量、蒸发量	全年
15	桥沟	雨量站	降水量	全年
16	安山	雨量站	降水量	汛期
17	陈集	雨量站	降水量	汛期

3.1.6 龙山水库水文站

(1)测站简介。

龙山水库水文站位于潢河右岸光山县槐店乡珠山村。2009 年 1 月由河南省水文水资源局设立,现由河南省信阳水文水资源勘测局管理。测站是淮河一级支流潢河上龙山水库的出库控制站,流域面积 1 220 km²,属省级重要水文站。流域多年平均降雨量 1 229 mm,建站以来多年平均径流量 3.495 亿 m³。

龙山水库水文站观测项目有水位、流量、降水量、水质水量监测、水文调查、初终霜。现有泄洪闸断面、南干渠断面、北干渠断面;主要测验设施有泄洪闸水文缆道 1 处,南干渠自记水位井 1 座。

(2)水位—库容关系曲线、水位—泄流曲线图。

龙山水库库容曲线见图 3.1.11。

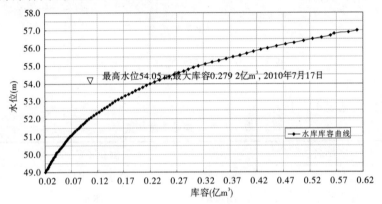

图 3.1.11 龙山水库库容曲线

龙山水库溢洪道闸门开启高度—水位—流量曲线见图 3.1.12。

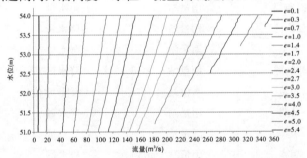

图 3.1.12 龙山水库溢洪道闸门开启高度—水位—流量曲线

(3)水文站平面布设图。

龙山水库水文站平面布设见图 3.1.13。

(4)测流方案。

测流方案见表 3.1.11。

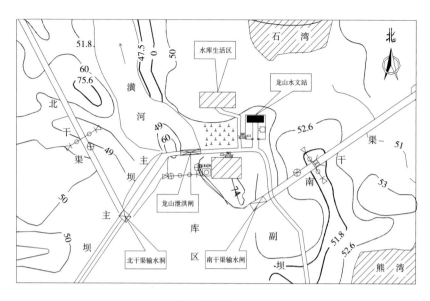

图 3.1.13 龙山水库水文站平面布设图

表 3.1.11 测流方案

泄水建筑物	泄洪闸	南干渠	北干渠	
测流方式	缆道拖曳 ADCP	桥测	桥测	

（5）属站管理。

各属站信息见表 3.1.12。

表 3.1.12 属站信息一览

序号	站名	站类	测验要素	属性
1	龙山	水文站	降水量	全年
2	光山	雨量站	降水量	全年
3	寨河	雨量站	降水量	全年

3.1.7 南湾水库水文站

（1）测站简介。

南湾水库水文站位于河南省信阳市浉河区南湾乡南湾水库,1951 年 5 月由治淮委员会设立,现由河南省信阳水文水资源勘测局管理。测站是淮河一级支流浉河上南湾水库的出库控制站,流域面积 1 090 km²,属国家级重要水文站。流域多年平均降雨量 1 130.6 mm,多年平均径流量 4.226 亿 m³。

南湾水库水文站观测项目有降水量、水位、流量、蒸发、水文调查、水质水量监测、初终霜、水温、墒情。现有坝上基本水尺断面、溢洪道测流断面、电站测流断面、输水道测流断面;主要测验设施有输水道电动测流缆道 1 座、电站电动测流缆道 1 座、坝上自记水位井 1 座、电站自记水位井 1 座。

（2）水位—库容关系曲线、水位—泄流曲线及大断面图。

南湾水库水位—库容曲线见图 3.1.14。

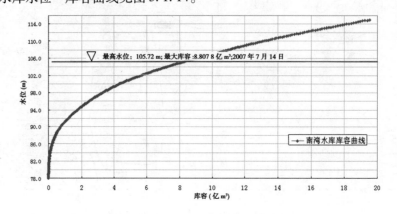

图 3.1.14 南湾水库水位—库容曲线

南湾水库溢洪道泄流曲线及大断面图见图 3.1.15。

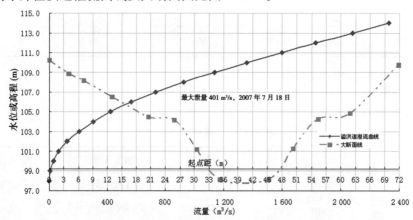

图 3.1.15 南湾水库溢洪道泄流曲线及大断面图

（3）水文站平面布设图。

南湾水库水文站平面布设图见图 3.1.16。

（4）测流方案。

测流方案见表 3.1.13。

（5）属站管理。

各属站信息见表 3.1.14。

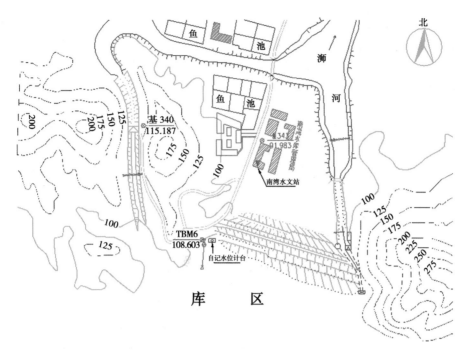

图 3.1.16 南湾水库水文站平面布设图

表 3.1.13 测流方案

泄水建筑物	溢洪道	非常溢洪道	输水道	电站	
测流方式	ADCP、桥测		缆道	缆道	

表 3.1.14 属站信息一览

序号	站名	站类	测验要素	属性
1	大庙畈	雨量站	降水量	全年
2	西双河	雨量站	降水量	全年
3	黄龙寺	雨量站	降水量	全年
4	浉河港	雨量站	降水量	全年
5	东双河	雨量站	降水量	全年
6	董家河	雨量站	降水量	全年
7	新建	雨量站	降水量	全年
8	南湾	水文站	降水量、蒸发量	全年

3.1.8 鲇鱼山水库水文站

（1）测站简介。

鲇鱼山水库水文站位于灌河右岸商城县鲇鱼山水库,1951年由治淮委员会设立,现由河南省信阳水文水资源勘测局管理。测站是史河一级支流灌河上鲇鱼山水库的出库控制站,流域面积924 km²,属国家级重要水文站。流域多年平均降雨量1 300 mm,多年平均径流量5.20亿m³。

鲇鱼山水库水文站观测项目有降水量、水位、流量、蒸发量、水文调查、水质水量监测、初终霜、水温、墒情。现有坝上基本水尺断面、溢洪道测流断面、电站测流断面、堰北头闸上下基本水尺断面及闸下流速仪测流断面;主要测验设施有溢洪道电动缆道1座、电站电动缆道1座、堰北头闸下手摇缆道1座、坝上自记水位井1座、电站自记水位井1座、堰北头闸上下自记水位井各1座。

(2)水位—库容关系曲线、水位—泄流曲线及大断面图。

鲇鱼山水库水位—库容曲线图见图3.1.17。

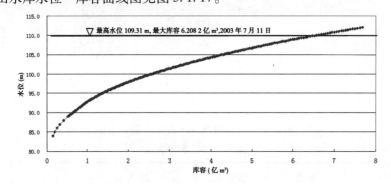

图3.1.17 鲇鱼山水库水位—库容曲线

鲇鱼山水库洪道泄流曲线及大断面图见图3.1.18。

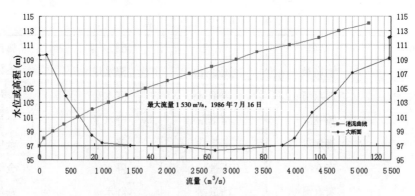

图3.1.18 鲇鱼山水库洪道泄流曲线及大断面图

(3)水文站平面布设图。

鲇鱼山水库水文站平面布设图见图3.1.19。

(4)测流方案。

测流方案见表3.1.15。

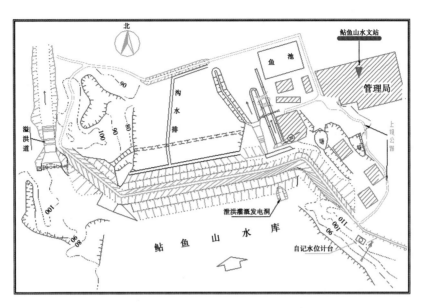

图 3.1.19　鲇鱼山水库水文站平面布设图

表 3.1.15　测流方案

泄水建筑物	溢洪道	非常溢洪道	堰北头（闸下）	电站	输水洞
测流方式	缆道、ADCP		缆道	缆道	桥测

（5）属站管理。

各属站信息见表 3.1.16。

表 3.1.16　属站信息一览

序号	站名	站类	测验要素	属性
1	黄柏山	雨量站	降水量	全年
2	百战坪	雨量站	降水量	汛期
3	长竹园	雨量站	降水量	全年
4	黑河	雨量站	降水量	汛期
5	新建坳	雨量站	降水量	全年
6	通城店	雨量站	降水量	全年
7	枫香树	雨量站	降水量	全年
8	汤泉池	雨量站	降水量	全年
9	鲇鱼山	水文站	降水量、蒸发量	全年
10	上石桥	雨量站	降水量	全年
11	丰集	雨量站	降水量	全年
12	大石桥	雨量站	降水量	全年
13	余集	雨量站	降水量	全年
14	三里坪	雨量站	降水量	全年

3.1.9 裴河水文站

（1）测站简介。

裴河水文站位于裴河左岸新县新集镇裴河村,1980 年 5 月由河南省水利厅设立为水位站,1982 年 6 月改设为山区小面积代表站,现由河南省信阳水文水资源勘测局管理。测站是潢河一级支流裴河的小面积实验站,流域面积 17.9 km²,属省级重要水文站。流域多年平均降雨量 1 185.7 mm,多年平均径流量 0.105 6 亿 m³。

裴河水文站观测项目有降水量、水位、流量、水文调查、冰情、初终霜。现有基本水尺断面、流速仪测流断面;主要测验设施有缆道 1 座、自记井 1 座、三角形剖面堰 1 处;主要测验方式为低水时采用涉水,中水时采用缆道、桥测,高水时采用桥测、ADCP。

（2）水位—流量关系曲线及大断面图。

裴河水文站水位—流量关系曲线及大断面图见图 3.1.20。

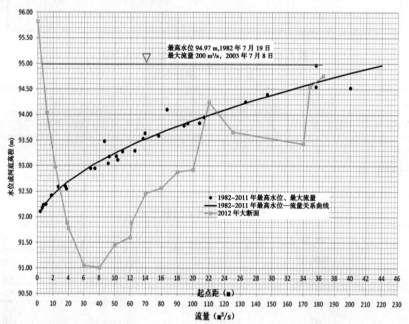

图 3.1.20 裴河水文站水位—流量关系曲线及大断面图

（3）水文站平面布设图。

裴河水文站平面布设图见图 3.1.21。

（4）测流方案。

测流方案见表 3.1.17。

（5）属站管理。

各属站信息见表 3.1.18。

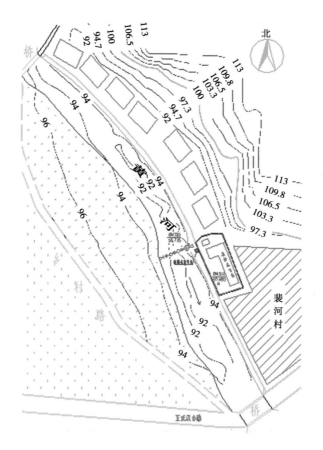

图 3.1.21　裴河水文站平面布设图

表 3.1.17　测流方案

水情级别	高水	中水	低水	枯水
水位级(m)	>92.55 m	91.75～92.55 m	91.52～91.75 m	<91.52 m
测流方法	桥测、ADCP	缆道	小浮标、涉水	涉水

表 3.1.18　属站信息一览

序号	站名	站类	测验要素	属性
1	杨湾	雨量站	降水量	汛期
2	裴河	水文站	降水量	全年

3.1.10　平桥水文站

（1）测站简介。

平桥水文站位于浉河右岸信阳市平桥区平桥镇,于1960年9月设立,现由河南省信阳水文水资源勘测局管理。测站是淮河一级支流浉河上的闸坝控制站,流域面积489

km²(南湾水库以下),属省级重要水文站。流域多年平均降雨量1 112.4 mm。

平桥水文站观测项目有降水量、水位、流量、水文调查、水质水量监测、初终霜、冰情等多个项目。现有南干渠基本水尺断面兼流速仪测流断面、北干渠基本水尺断面兼流速仪测流断面;主要测验设施有坝上自记水位井1座、南干渠自记水位井1座、北干渠自记水位井1座。

(2)水位—流量关系曲线及大断面图。

平桥水文站滚水坝泄流曲线见图3.1.22。

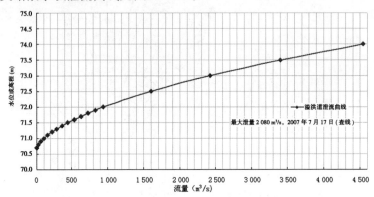

图3.1.22 平桥水文站滚水坝泄流曲线

(3)水文站平面布设图。

平桥水文站平面布设图见图3.1.23。

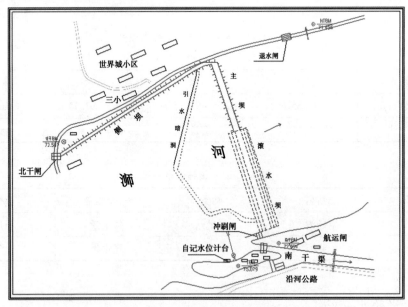

图3.1.23 平桥水文站平面布设图

(4)测流方案。

测流方案见表3.1.19。

表 3.1.19　测流方案

泄水建筑物	滚水坝	南干渠	北干渠		
测流方式	桥测、ADCP	桥测	桥测		

（5）属站管理。

各属站信息见表3.1.20。

表 3.1.20　属站信息一览

序号	站名	站类	测验要素	属性
1	五里店	雨量站	降水量	全年
2	龙井沟	雨量站	降水量	汛期
3	高店	雨量站	降水量	汛期
4	平桥	水文站	降水量	全年

3.1.11　泼河水库水文站

（1）测站简介。

泼河水库水文站位于泼陂河左岸信阳市光山县泼河镇泼河水库,1970 年 1 月由河南省水文总站设立,现由河南省信阳水文水资源勘测局管理。测站是潢河一级支流泼陂河上泼河水库的出库控制站,流域面积221 km^2,属国家级重要水文站。流域多年平均降雨量1 229 mm,多年平均径流量1.318 亿 m^3。

泼河水库水文站观测项目有降水量、水位、流量、蒸发量、水质水量监测,墒情、水文调查等。现有坝上基本水尺断面、溢洪道闸下水尺断面及流速仪测流断面、输水道闸下水尺断面及流速仪测流断面、电站站下水尺断面及流速仪测流断面、灌渠闸下水尺断面及流速仪测流断面;主要测验设施有缆道2处,桥测车1辆、坝上自记水位井1座、电站自记水位井1座。

（2）水位—库容关系曲线、水位—泄流曲线及大断面图。

泼河水库库容曲线见图3.1.24。

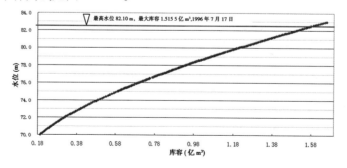

图 3.1.24　泼河水库库容曲线

泼河水库溢洪道水位—泄流曲线及大断面图见图3.1.25。

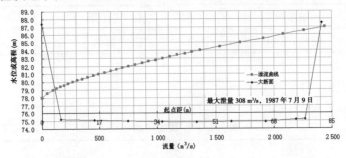

图 3.1.25　泼河水库溢洪道水位—泄流曲线及大断面图

（3）水文站平面布设图。

泼河水库水文站平面布设图见图3.1.26。

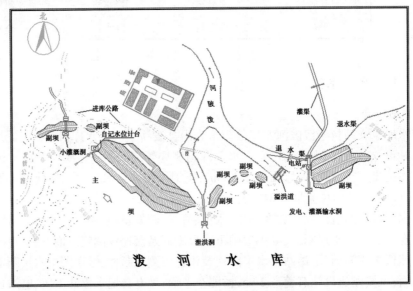

图 3.1.26　泼河水库水文站平面布设图

（4）测流方案。

测流方案见表3.1.21。

表 3.1.21　测流方案

泄水建筑物	溢洪道	输水道	灌渠	电站
测流方式	缆道	桥测	手动缆道	桥测

（5）属站管理。

各属站信息见表3.1.22。

表 3.1.22　属站信息一览

序号	站名	站类	测验要素	属性
1	周河	雨量站	降水量	全年
2	长洲河	雨量站	降水量	全年
3	八里畈	雨量站	降水量	全年
4	泼河	水文站	降水量、蒸发量	全年

3.1.12　石山口水库水文站

(1)测站简介。

石山口水库水文站位于河南省信阳市罗山县子路镇石山口水库,1971 年 1 月由河南省革命委员会水利局设立,现由河南省信阳水文水资源勘测局管理。测站是竹竿河一级支流小潢河上石山口水库的出库控制站,流域面积 306 km²,属国家级重要水文站。流域多年平均降雨量 1 087.6 mm,多年平均径流量 1.239 亿 m³。

石山口水库水文站观测项目有降水量、水位、流量、蒸发量、水质水量监测、墒情、初终霜、水文调查。现有坝上基本水尺断面、溢洪道断面、南干渠断面、北干渠断面、电站断面,主要测验设施有溢洪道水文缆道 1 座、电站水文缆道 1 座、坝上自记水位井 1 座、南干渠自记水位井 1 座。

(2)水位—库容关系曲线、水位—泄流曲线及大断面图。

石山口水库水位—库容曲线见图 3.1.27。

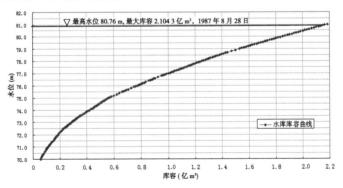

图 3.1.27　石山口水库水位—库容曲线

石山口水库溢洪道水位—泄流曲线及大断面图见图 3.1.28。

(3)水文站平面布设图。

石山口水库水文站平面布设图见图 3.1.29。

(4)测流方案。

测流方案见表 3.1.23。

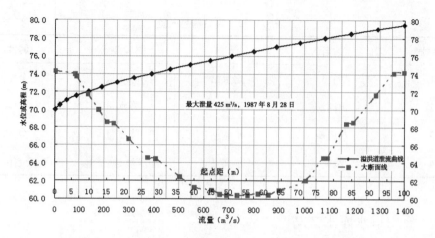

图 3.1.28 石山口水库溢洪道水位—泄流曲线及大断面图

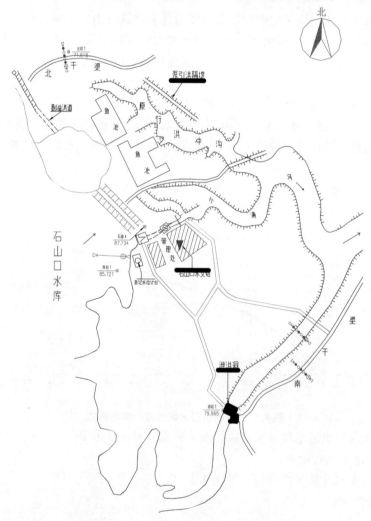

图 3.1.29 石山口水库水文站平面布设图

表 3.1.23　测流方案

泄水建筑物	溢洪道	南干渠	北干渠	电站	
测流方式	缆道、ADCP	桥测	桥测	缆道	

（5）属站管理。

各属站信息见表 3.1.24。

表 3.1.24　属站信息一览

序号	站名	站类	测验要素	属性
1	涩港店	雨量站	雨量	全年
2	朱堂	雨量站	雨量	汛期
3	杨畈	雨量站	雨量	汛期
4	石山口	水文站	降水量、蒸发量	全年

3.1.13　谭家河水文站

（1）测站简介。

谭家河水文站位于浉河左岸谭家河乡谭家河村，1978 年 1 月由河南省水利厅设立，现由河南省信阳水文水资源勘测局管理。测站是淮河一级支流浉河上南湾水库的入库站，流域面积 152 km^2，属省级重要水文站。流域多年平均降雨量 1 253.0 mm，多年平均径流量 0.898 8 亿 m^3。

谭家河水文站观测项目有降水量、水位、流量、比降、水文调查、水质水量监测、初终霜、冰情。现有基本水尺断面兼流速仪测流断面兼比降水尺下断面、比降水尺上断面；主要测验设施有缆道 1 座，基本水尺断面自记水位井 1 座，比降水尺上断面自记水位井 1 座；主要测验方式为低水时采用涉水，中水时采用缆道，高水时采用缆道、比降面积法。

（2）大断面及水位—流量关系曲线图。

谭家河水文站水位—流量关系曲线及大断面图见图 3.1.30。

（3）水文站平面布设图。

谭家河水文站平面布设图见图 3.1.31。

（4）测流方案。

测流方案见表 3.1.25。

（5）属站管理。

各属站信息见表 3.1.26。

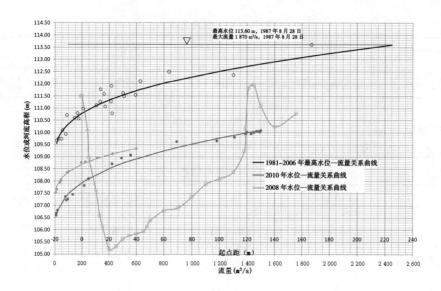

图 3.1.30　谭家河水文站水位—流量关系曲线及大断面图

图 3.1.31　谭家河水文站平面布设图

表 3.1.25　测流方案

水情级别	高水	中水	低水	枯水
水位级(m)	>109.00	107.50~109.00	106.00~107.50	<106.00
测流方法	缆道、比降面积法	缆道	涉水	涉水

表 3.1.26　属站信息一览

序号	站名	站类	测验要素	属性
1	武胜关	雨量站	降水量	全年
2	新店	雨量站	降水量	全年
3	台畈	雨量站	降水量	汛期
4	天平山	雨量站	降水量	汛期
5	麻树坦	雨量站	降水量	汛期
6	谭家河	雨量站	降水量	全年

3.1.14　五岳水库水文站

(1)测站简介。

五岳水库水文站位于青龙河左岸光山县南向店乡五岳水库,1973 年 7 月由河南省水文总站设立,现由河南省信阳水文水资源勘测局管理。测站是寨河支流青龙河上五岳水库的出库控制站,流域面积 102 km²,属省级重要水文站。流域多年平均降雨量 1 106.6 mm,多年平均径流量 0.488 8 亿 m³。

五岳水库水文站观测项目有水位、流量、降水量、水质水量监测、水文调查、初终霜。现有干渠断面、输水道断面、溢洪道断面;主要测验设施有干渠水文缆道 1 座、溢洪道水文缆道 1 座、坝上自记水位井 1 座、干渠自记水位井 1 座。

(2)水位—库容关系曲线、水位—泄流曲线及大断面图。

五岳水库水文站水库水位—库容曲线见图 3.1.32。

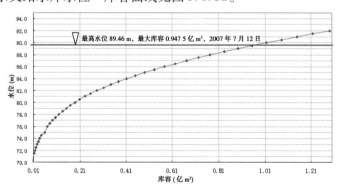

图 3.1.32　五岳水库水文站水库水位—库容曲线

五岳水库水文站溢洪道水位—泄流曲线及大断面图见图 3.1.33。

(3)水文站平面布设图。

五岳水库水文站平面布设图见图 3.1.34。

(4)测流方案。

测流方案见表 3.1.27。

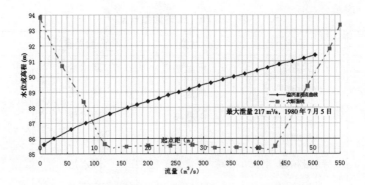

图 3.1.33　五岳水库水文站溢洪道水位—泄流曲线及大断面图

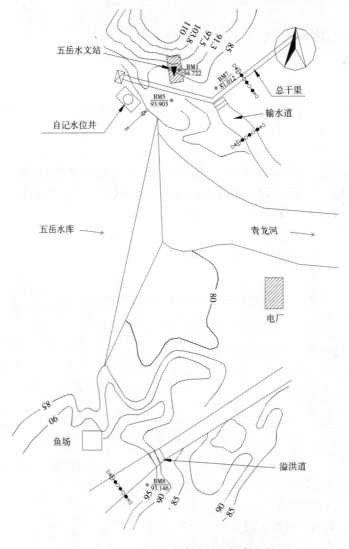

图 3.1.34　五岳水库水文站平面布设图

表 3.1.27 测流方案

泄水建筑物	溢洪道	干渠	输水洞	
测流方式	缆道、ADCP	缆道	ADCP	

(5)属站管理。

各属站信息见表 3.1.28。

表 3.1.28 属站信息一览

序号	站名	站类	测验要素	属性
1	钱大湾	雨量站	降水量	全年
2	易洼	雨量站	降水量	汛期
3	北向店	雨量站	降水量	汛期
4	文殊	雨量站	降水量	汛期
5	五岳	水文站	降水量	全年

3.1.15 息县水文站

(1)测站简介。

息县水文站位于淮河左岸息县城关镇大埠口村,1950 年 6 月由治淮委员会设立,现由河南省信阳水文水资源勘测局管理。测站是淮河干流上游的控制站,流域面积 10 190 km^2,属国家级重要水文站。流域多年平均降雨量 988.7 mm,多年平均径流量 36.90 亿 m^3。

息县水文站观测项目有降水量、蒸发量、水位、水温、流量、单样含沙量、输沙率、水质水量监测、地下水、墒情、冰情、初终霜。现有基本水尺断面、流速仪测流断面;主要测验设施有缆道 1 座、测船 3 艘(大、中、小)、冲锋舟 1 艘、自记井 1 座。主要测验方式为低水时采用测船、缆道,中水时采用测船和 ADCP(冲锋舟拖曳)配合使用,高水时采用 ADCP(冲锋舟拖曳)。

(2)水位—流量关系曲线及大断面图。

息县水文站水位—流量关系曲线及大断面图见图 3.1.35。

(3)水文站平面布设图。

息县水文站平面布设图见图 3.1.36。

(4)测流方案。

测流方案见表 3.1.29。

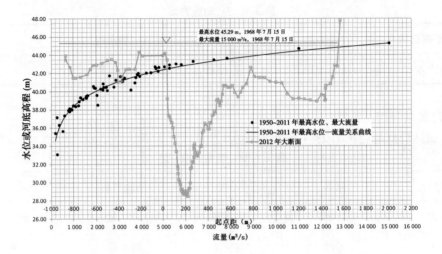

图 3.1.35　息县水文站水位—流量关系曲线及大断面图

图 3.1.36　息县水文站平面布设图

表 3.1.29 测流方案

水情级别	高水	中水	低水	枯水
水位级(m)	>42.00	38.00~42.00	33.00~38.00	<33.00
测流方法	ADCP	测船、ADCP	测船、缆道	测船

(5)属站管理。

各属站信息见表 3.1.30。

表 3.1.30 属站信息一览

序号	站名	站类	测验要素	属性
1	息县	水文站	降水量、蒸发量	全年
2	路口	雨量站	雨量	汛期
3	任大寨	雨量站	雨量	汛期
4	八里岔	雨量站	雨量	汛期
5	夏庄	雨量站	雨量	汛期
6	白店	雨量站	雨量	汛期
7	张陶	雨量站	雨量	汛期
8	包信	雨量站	雨量	全年
9	乌龙店	雨量站	雨量	全年
10	岗李店	雨量站	雨量	汛期

3.1.16 新县水文站

(1)测站简介。

新县水文站位于潢河右岸新县新集镇,1966 年 6 月由河南省水文总站设立,现由河南省信阳水文水资源勘测局管理。测站是淮河一级支流潢河上游的控制站,流域面积 274 km²,属省级重要水文站。流域多年平均降雨量 1 293.5 mm,多年平均径流量 1.438 亿 m³。

新县水文站观测项目有水位、流量、降水量、水质水量监测、水文调查、冰情。现有基本水尺断面、流速仪测流断面;主要测验设施有自记井 1 座、全自动桥测车 1 辆、手动桥测车 1 辆;主要测验方式为低水时采用涉水、桥测,中水时采用桥测,高水时采用桥测、ADCP。

(2)水位—流量关系曲线及大断面图。

新县水文站水位—流量关系曲线及大断面图见图 3.1.37。

(3)水文站平面布设图。

新县水文站平面布设图见图 3.1.38。

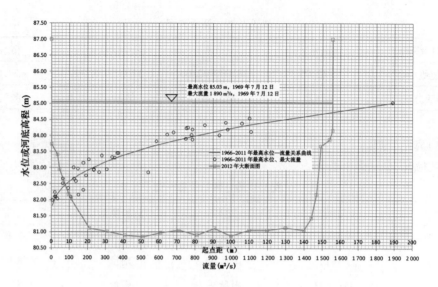

图 3.1.37　新县水文站水位—流量关系曲线及大断面图

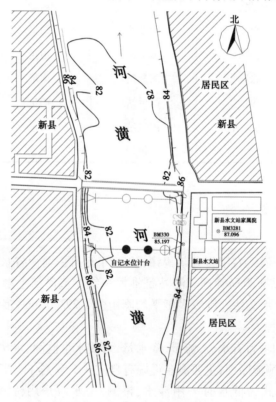

图 3.1.38　新县水文站平面布设图

（4）测流方案。

测流方案见表 3.1.31。

表 3.1.31　测流方案

水情级别	高水	中水	低水	枯水
水位级(m)	>84.00	83.00～84.00	81.50～83.00	<81.50
测流方法	桥测、ADCP	桥测	涉水、桥测	涉水

(5)属站管理。

各属站信息见表 3.1.32。

表 3.1.32　属站信息一览

序号	站名	站类	测验要素	属性
1	卡房	雨量站	降水量	全年
2	墨河	雨量站	降水量	汛期
3	沙石湾	雨量站	降水量	全年
4	西畈	雨量站	降水量	汛期
5	泗店	雨量站	降水量	汛期
6	塘畈	雨量站	降水量	汛期
7	田铺	雨量站	降水量	全年
8	香山	雨量站	降水量	全年
9	朱冲	雨量站	降水量	全年
10	新县	水文站	降水量	全年
11	浒湾	雨量站	降水量	全年
12	陡山河	雨量站	降水量	汛期
13	吴陈河	雨量站	降水量	全年
14	沙窝	雨量站	降水量	全年

3.1.17　长台关水文站

(1)测站简介。

长台关水文站位于淮河左岸信阳市平桥区长台关乡长台村,1950 年 6 月由治淮委员会设立,现由河南省信阳水文水资源勘测局管理。测站是淮河干流上的控制站,流域面积 3 090 km²,属国家级重要水文站。流域多年平均降雨量 1 008.2 mm,多年平均径流量 11.16 亿 m³。

长台关水文站观测项目有降水量、水位、流量、水文调查、水质水量监测、初终霜、冰情、墒情。现有基本水尺断面、流速仪测流断面;主要测验设施有缆道 1 座、吊船索 1 座、测船 1 艘、自记水位井 1 座。主要测验方式为低水时采用涉水、测船,中水时采用测船、缆道、ADCP,高水时采用测船、ADCP。

（2）水位—流量关系曲线及大断面图。

长台关水文站水位—流量关系曲线及大断面图见图3.1.39。

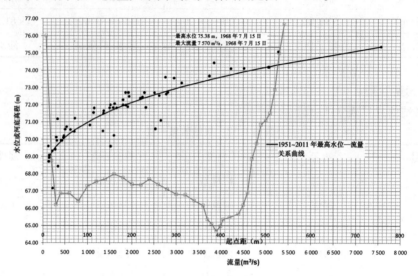

图3.1.39　长台关水文站水位—流量关系曲线及大断面图

（3）水文站平面布设图。

长台关水文站平面布设图见图3.1.40。

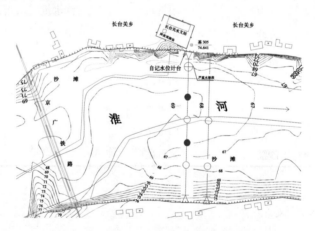

图3.1.40　长台关水文站平面布设图

（4）测流方案。

测流方案见表3.1.33。

表3.1.33　测流方案

水情级别	高水	中水	低水	枯水
水位级（m）	>73.00	69.00~73.00	66.00~69.00	<66.00
测流方法	测船、ADCP	测船、缆道、ADCP	涉水、测船	涉水

（5）属站管理。

各属站信息见表 3.1.34。

表 3.1.34　属站信息一览

序号	站名	站类	测验要素	属性
1	二道河	雨量站	降水量	汛期
2	胡家湾	雨量站	降水量	全年
3	尖山	雨量站	降水量	全年
4	老鸦河	雨量站	降水量	全年
5	平昌关	雨量站	降水量	汛期
6	余家湾	雨量站	降水量	全年
7	台子畈	雨量站	降水量	全年
8	顺河店	雨量站	降水量	全年
9	游河	雨量站	降水量	汛期
10	长台关	水文站	降水量	全年
11	王堂	雨量站	降水量	全年
12	阎庄	雨量站	降水量	汛期
13	红石嘴	雨量站	降水量	全年
14	明港	雨量站	降水量	汛期
15	肖曹店	雨量站	降水量	全年
16	彭家湾	雨量站	降水量	汛期
17	洋河	雨量站	降水量	全年

3.1.18　竹竿铺水文站

（1）测站简介。

竹竿铺水文站位于竹竿河右岸罗山县竹竿镇，1952 年 5 月由治淮委员会设立，现由河南省信阳水文水资源勘测局管理。测站是淮河一级支流竹竿河上的控制站，流域面积 1 639 km^2，属省级重要水文站。流域多年平均降雨量 986.5 mm，多年平均径流量 7.663 亿 m^3。

竹竿铺水文站观测项目有降水量、水位、流量、单样含沙量、水质水量、水文调查。现有基本水尺断面、流速仪测流断面；主要测验设施有桥测车 1 辆、无线 ADCP1 台、自记水位井 1 座；主要测验方式为中、低水时采用桥测、涉水，中水时采用桥测车测流，高水时采用桥测车或 ADCP。

（2）水位—流量关系曲线及大断面图。

竹竿铺水文站水位—流量关系曲线及大断面图见图 3.1.41。

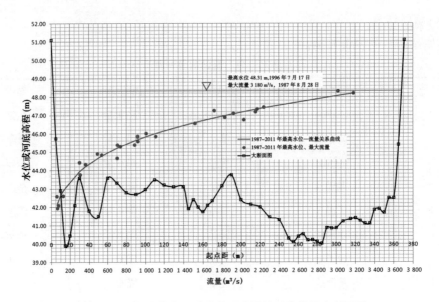

图 3.1.41　竹竿铺水文站水位—流量关系曲线及大断面图

（3）水文站平面布设图。

竹竿铺水文站平面布设图见图 3.1.42。

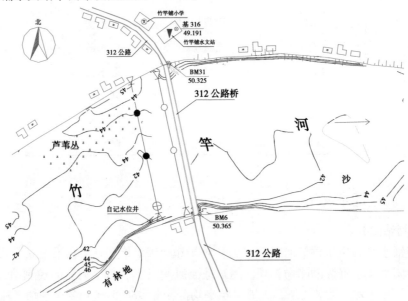

图 3.1.42　竹竿铺水文站平面布设图

（4）测流方案。

测流方案见表 3.1.35。

表 3.1.35　测流方案

水情级别	高水	中水	低水	枯水
水位级（m）	>46.00	43.00～46.00	41.00～43.00	<41.00
测流方法	桥测、ADCP	桥测、ADCP	桥测	涉水

（5）属站管理。

各属站信息见表 3.1.36。

表 3.1.36　属站信息一览

序号	站名	站类	测验要素	属性
1	丰店	雨量站	降水量	全年
2	定远店	雨量站	降水量	全年
3	后沟	雨量量	降水量	汛期
4	江塝	雨量站	降水量	汛期
5	周党畈	雨量站	降水量	全年
6	铁卜	雨量站	降水量	汛期
7	彭新店	雨量站	降水量	全年
8	潘新	雨量站	降水量	汛期
9	南李店	雨量站	降水量	全年
10	竹竿铺	水文站	降水量	全年
11	罗山	雨量站	降水量	全年

3.2　驻马店辖区水文站

3.2.1　班台水文站

（1）测站简介。

班台水文站位于洪河左岸,驻马店市新蔡县顿岗乡小李庄村,1951 年 4 月由治淮委员会设立,现由河南省驻马店水文水资源勘测局管理。测站是淮河一级支流洪河上的控制站,流域面积 11 280 km^2,属国家级重要水文站。流域多年平均降雨量 942 mm,多年平均径流量 25.0 亿 m^3。

班台水文站观测项目有水位、流量、降水量、蒸发量、含沙量、水质、冰情、水温、墒情。现有洪河(二)断面、洪河(分洪道)断面;主要测验设施有水文缆道 2 座、测船 1 艘;主要测验方式为低水时采用缆道,中水时采用缆道或 ADCP,高水时采用缆道或 ADCP。

（2）水位—流量关系曲线及大断面图。

班台水文站水位—流量关系曲线及大断面图见图 3.2.1。

（3）水文站平面布设图。

班台水文站平面布设图见图 3.2.2。

（4）测流方案。

测流方案见表 3.2.1。

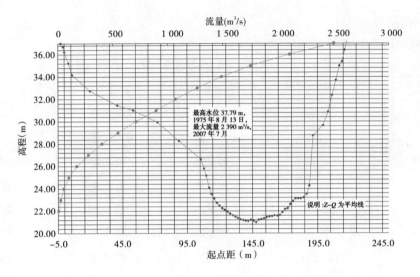

图 3.2.1 班台水文站水位—流量关系曲线及大断面图

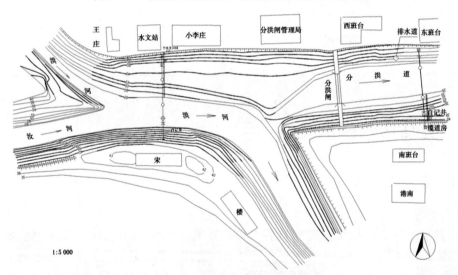

图 3.2.2 班台水文站平面布设图

表 3.2.1 测流方案

水情级别	高水	中水	低水	枯水
水位级(m)	>28.30	25.60~28.30	24.80~25.60	<24.80
测流方法	缆道、ADCP	缆道、ADCP	缆道	涉水

(5)属站管理。

各属站信息见表 3.2.2。

表 3.2.2　属站信息一览

序号	站名	站类	测验要素	属性
1	化庄集	雨量站	雨量	全年
2	班台	雨量站	雨量	全年

3.2.2　板桥水库水文站

（1）测站简介。

板桥水库水文站位于汝河左岸驻马店市泌阳县板桥镇板桥水库。1951 年 6 月 1 日由治淮委员会设立为板桥水文站。1957 年 5 月改为由河南省水利厅领导,1964 年 1 月 1 日改由水利部河南省水文总站领导,1969 年 1 月 1 日改由河南省革命委员会水利局领导,1970 年由驻马店地区水利局领导。1975 年 8 月特大洪水垮坝后,改为河道观测,1980 年由河南省水利厅水文总站领导。1985 年水文总站更名为水文水资源总站。1993 年 1 月板桥水库复建恢复观测。1995 年水文水资源总站更名为水文水资源局,继续领导观测至今。现由河南省驻马店水文水资源勘测局管理。测站是淮河二级支流汝河上板桥水库的出库控制站,流域面积 768 km²,属国家级重要水文站。流域多年平均降雨量 1 000 mm,多年平均径流量 2.8 亿 m³。

板桥水库水文站观测项目有水位、流量、降水量、蒸发、冰情、水质、水文调查、墒情等。现有基本水尺断面、流速仪测流断面,主要测验设施有桥测车 1 辆、自记井 1 座、测桥。

（2）水位—库容关系曲线及调洪曲线。

板桥水库水文站水位—库容曲线见图 3.2.3。

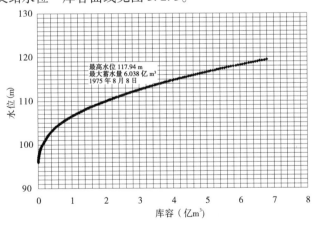

图 3.2.3　板桥水库水文站水位—库容曲线

板桥水库调洪曲线见图 3.2.4。

（3）水文站平面布设图。

板桥水库水文站平面布设图见图 3.2.5。

（4）测流方案。

测流方案见表 3.2.3。

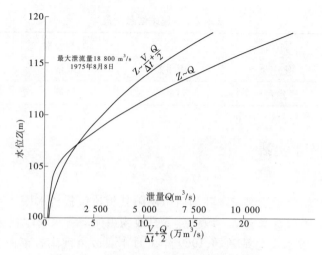

图 3.2.4　板桥水库水文站水库调洪曲线图

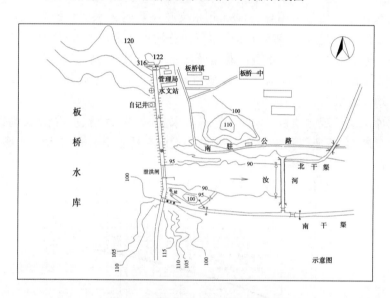

图 3.2.5　板桥水库水文站平面布设图

表 3.2.3　测流方案

泄水建筑物	溢洪道	非常溢洪道	泄洪洞	电站	输水洞
测流方式	桥测			缆道	桥测

（5）属站管理。

各属站信息见表3.2.4。

表 3.2.4　属站信息一览

序号	站名	站类	测验要素	属性
1	贾楼	雨量站	雨量	全年
2	蚂蚁沟	雨量站	雨量	全年
3	桃花店	雨量站	雨量	全年
4	火石山	雨量站	雨量	汛期
5	象河关	雨量站	雨量	全年
6	双庙	雨量站	雨量	全年
7	时庄	雨量站	雨量	全年
8	下陈	雨量站	雨量	全年
9	林庄	雨量站	雨量	全年
10	藏集	雨量站	雨量	全年
11	老君	雨量站	雨量	全年
12	沙河店	雨量站	雨量	全年
13	板桥	雨量站	雨量	全年

3.2.3　薄山水文站

（1）测站简介。

薄山水文站位于溱头河右岸任店乡薄山水库。1951 年 7 月由治淮委员会设立,现由河南省驻马店水文水资源勘测局管理。测站是溱头河上薄山水库的出库控制站,流域面积 578 km²,属省级重要水文站。流域多年平均降雨量 1 000 mm,多年平均径流量 1.84 亿 m³。

薄山水文站观测项目有降水、水位、流量、蒸发、蒸发辅助、水文调查、水质、水温、冰情、墒情。现有基本水尺断面、流速仪测流断面;主要测验设施有缆道 2 座(第二电站和输水道共用 1 座缆道)、水文测桥 1 座、自记井 1 座。

（2）水位—库容关系曲线图、水位—泄量曲线。

薄山水库水位—库容关系曲线见图 3.2.6。

薄山水库水位—泄量曲线见图 3.2.7。

（3）水文站平面布设图。

薄山水库水文站平面布设图见图 3.2.8。

（4）测流方案。

测流方案见表 3.2.5。

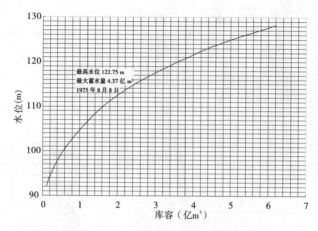

图 3.2.6 薄山水库水位—库容关系曲线

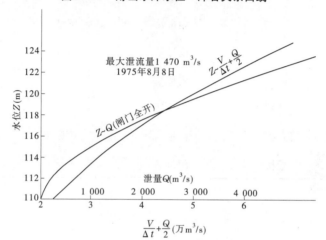

图 3.2.7 薄山水库调洪曲线

表 3.2.5 测流方案

泄水建筑物	溢洪道	非常溢洪道	泄洪洞	电站	输水洞
测流方式	缆道			缆道和测桥	缆道

（5）属站管理。

各属站信息见表 3.2.6。

表 3.2.6 属站信息一览

序号	站名	站类	测验要素	属性
1	猴庙	雨量站	雨量	全年
2	大黑刘庄	雨量站	雨量	全年
3	新安店	雨量站	雨量	汛期
4	焦庄	雨量站	雨量	汛期
5	确山	雨量站	雨量	全年
6	李新店	雨量站	雨量	全年
7	薄山	雨量站	雨量	全年

图 3.2.8　薄山水库水文站平面布设图

3.2.4　桂李(洪)水文站

(1)测站简介。

桂李(洪)水文站位于洪河左岸谭店乡桂李村,1954 年 7 月由治淮委员会设立为汛期水文站。现由河南省驻马店水文水资源勘测局管理。测站是淮河一级支流洪河上的控制站,并为老王坡滞洪区服务,流域面积 1 050 km²,属省二级重要水文站。流域多年平均降雨量 862.9 mm。

桂李(洪)水文站观测项目有降水、水位、流量、水文调查、水质、冰情、墒情。现有基本水尺断面、流速仪测流断面;主要测验设施有缆道 2 座,压力式水位自记 1 处;主要测验方式为低水时采用缆道、中水时采用缆道、高水时采用缆道。

(2)大断面及水位—流量关系曲线图。

桂李(洪)水文站水位—流量关系曲线及大断面图见图 3.2.9。

(3)水文站平面布设图。

桂李(洪)水文站平面布设图见图 3.2.10。

(4)测流方案。

测流方案见表 3.2.7。

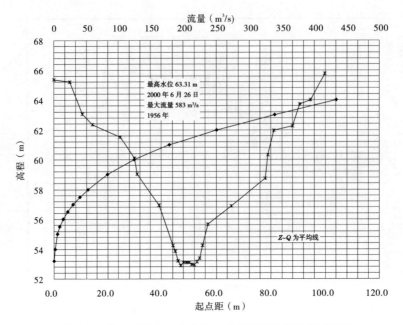

图 3.2.9 桂李(洪)水文站水位—流量关系曲线及大断面图

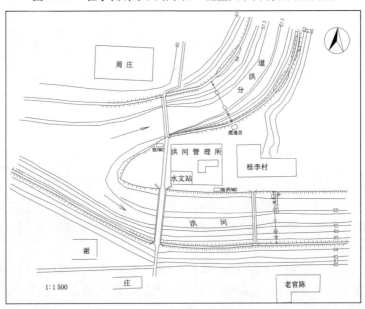

图 3.2.10 桂李(洪)水文站平面布设图

表 3.2.7 测流方案

水情级别	高水	中水	低水	枯水
水位级(m)	>58.20	55.10~58.20	54.50~55.10	<54.50
测流方法	缆道	缆道	缆道	涉水

（5）属站管理。

各属站信息见表3.2.8。

表3.2.8　属站信息一览

序号	站名	站类	测验要素	属性
1	权寨	雨量站	雨量	全年
2	人和	雨量站	雨量	汛期
3	焦庄	雨量站	雨量	汛期
4	桂李	雨量站	雨量	全年

3.2.5　立新水文站

（1）测站简介。

立新水文站位于沙河左岸付庄乡付庄村,1976年5月1日由河南省水文总站设立,现由河南省驻马店水文水资源勘测局管理。测站是淮河流域洪河水系沙河上的控制站,流域面积77.8 km²,属省三级重要水文站。流域多年平均降雨量933 mm,多年平均径流量0.55亿m³。

立新水文站观测项目有降水、水位、流量、冰情。现有基本水尺断面、流速仪测流断面;主要测验设施有缆道1座;因测流断面上、中、下游受人为挖沙影响,断面不稳定。根据本站实际情况测流方案主要测验方式为水位114.30 m以下用缆道、流速仪法测流,水位114.30 m以上用缆道或天然浮标法测流。

（2）大断面及水位—流量关系曲线图。

立新水文站水位—流量关系曲线及大断面图见图3.2.11。

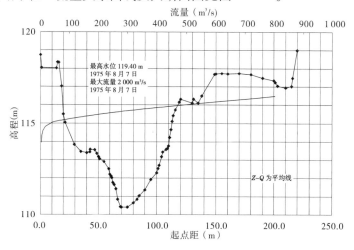

图3.2.11　立新水文站水位—流量关系曲线及大断面图

（3）水文站平面布设图。

立新水文站平面布设图见图3.2.12。

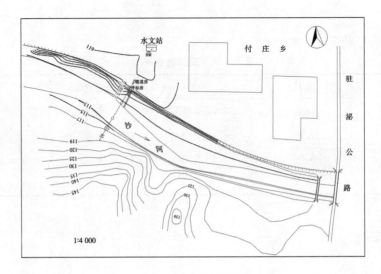

图 3.2.12　立新水文站平面布设图

（4）测流方案。

测流方案见表 3.2.9。

表 3.2.9　测流方案

水情级别	高水	中水	低水	枯水
水位级（m）	>116.90	115.90～116.90	115.65～115.90	<115.65
测流方法	缆道	缆道	缆道	涉水

（5）属站管理。

各属站信息见表 3.2.10。

表 3.2.10　属站信息一览

序号	站名	站类	测验要素	属性
1	林子岗	雨量站	雨量	汛期
2	对谷窑沟	雨量站	雨量	汛期
3	梅林寺	雨量站	雨量	汛期
4	后稻谷田	雨量站	雨量	汛期
5	立新	雨量站	雨量	全年

3.2.6　芦庄水文站

（1）测站简介。

芦庄水文站位于溱头河左岸瓦岗乡芦庄村，于 1954 年 6 月由治淮委员会设立为程洼水文站，现由河南省驻马店水文水资源勘测局管理。测站是溱头河上的山区控制站，主要为薄山水库服务，流域面积 396 km²，属省二级重要水文站。流域多年平均降雨量 950.2

mm,多年平均径流量1.20亿 m³。

芦庄水文站观测项目有降水、水位、流量、单样含沙量、水文调查、冰情、墒情。现有基本水尺断面、流速仪测流断面;主要测验设施有缆道1座,自记井1座,浮标测流缆道1座;主要测验方式为低水时采用缆道或涉水,中水时采用缆道,高水时采用缆道。

(2)大断面及水位—流量关系曲线图。

芦庄水文站水位—流量关系曲线及大断面图见图 3.2.13。

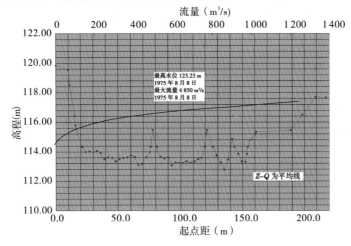

图 3.2.13　芦庄水文站水位—流量关系曲线及大断面图

(3)水文站平面布设图。

芦庄水文站平面布设图见图 3.2.14。

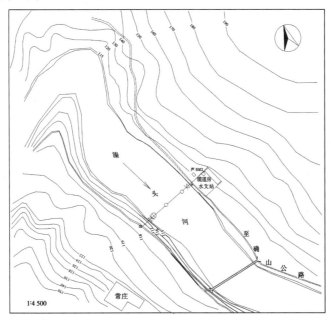

图 3.2.14　芦庄水文站平面布设图

（4）测流方案。

测流方案见表 3.2.11。

表 3.2.11　测流方案

水情级别	高水	中水	低水	枯水
水位级（m）	>115.60	114.50~115.60	114.00~114.50	<114.00
测流方法	缆道、浮标	缆道	缆道或涉水	涉水

（5）属站管理。

各属站信息见表 3.2.12。

表 3.2.12　属站信息一览

序号	站名	站类	测验要素	属性
1	竹沟	雨量站	雨量	全年
2	瓦岗	雨量站	雨量	全年
3	柴岗	雨量站	雨量	全年
4	刘楼	雨量站	雨量	全年
5	段庄	雨量站	雨量	汛期
6	石滚河	雨量站	雨量	汛期
7	龙山口	雨量站	雨量	汛期
8	芦庄	雨量站	雨量	全年

3.2.7　泌阳水文站

（1）测站简介。

泌阳水文站位于泌河右岸泌水镇邱庄村,1931 年 1 月由河南省水利处设立泌阳县雨量站,1935 年 1 月停测,1936 年 1 月恢复,1937 年 6 月停测,1952 年 5 月由河南省农业厅水利局在泌阳县城东关设立为水位站,1954 年 6 月下迁 3 km 至泌阳县城西关,改为水文站。现由河南省驻马店水文水资源勘测局管理。测站是泌河上的控制站,流域面积 635 km^2,属省级重要水文站。流域多年平均降雨量 913.5 mm,多年平均径流量 1.65 亿 m^3。

泌阳水文站观测项目有降水、水位、流量、单样含沙量、蒸发、水文调查、冰情、墒情。现有基本水尺断面、流速仪测流断面;主要测验设施有缆道 1 座,自记井 1 座;主要测验方式为低水时采用涉水,中、高水时采用缆道。

（2）大断面及水位—流量关系曲线图。

泌阳水文站水位—流量关系曲线及大断面图见图 3.2.15。

（3）水文站平面布设图。

泌阳水文站平面布设图见图 3.2.16。

（4）测流方案。

·62·

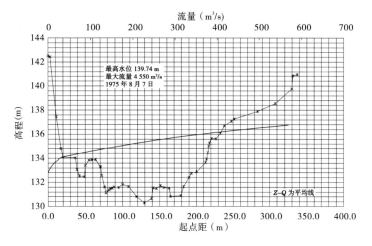

图 3.2.15　泌阳水文站水位—流量关系曲线及大断面图

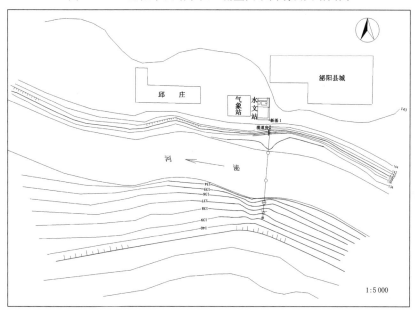

图 3.2.16　泌阳水文站平面布设图

测流方案见表 3.2.13。

表 3.2.13　测流方案

水情级别	高水	中水	低水	枯水
水位级(m)	>134.90	134.00～134.90	133.20～134.00	<133.20
测流方法	缆道	缆道	涉水	涉水

(5)属站管理。

各属站信息见表 3.2.14。

表 3.2.14　属站信息一览

序号	站名	站类	测验要素	属性
1	华山	雨量站	雨量	全年
2	王店	雨量站	雨量	全年
3	马谷田	雨量站	雨量	全年
4	高庄	雨量站	雨量	汛期
5	二铺	雨量站	雨量	汛期
6	官庄	雨量站	雨量	汛期
7	泌阳	雨量站	雨量	全年

3.2.8　庙湾水文站

(1)测站简介。

庙湾水文站位于洪河左岸庙湾镇,1956 年 6 月 1 日由治淮委员会设立,现由河南省驻马店水文水资源勘测局管理。测站是淮河一级支流洪河中下游的控制站,流域面积2 660 km²,属省二级重要水文站。流域多年平均降雨量888.2 mm,多年平均径流量6.07亿 m³。

庙湾水文站观测项目有降水、水位、流量、水文调查、水质、冰情、墒情。现有基本水尺断面、流速仪测流断面;主要测验设施有缆道 2 座(新、老断面各 1 座),自记井 2 座;主要测验方式为低水时采用缆道、中水时采用缆道、高水时采用缆道。

(2)大断面及水位—流量关系曲线图。

庙湾水文站水位—流量关系曲线及大断面图见图 3.2.17。

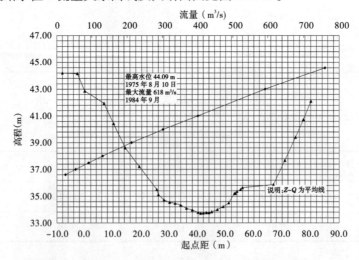

图 3.2.17　庙湾水文站水位—流量关系曲线及大断面图

(3)水文站平面布设图。

庙湾水文站平面布设图见图3.2.18。

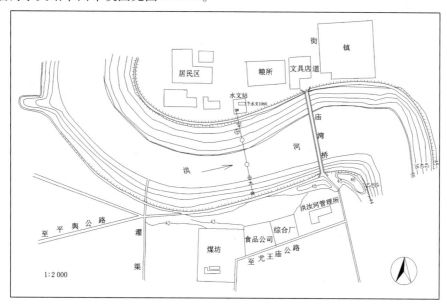

图 3.2.18　庙湾水文站平面布设图

(4)测流方案。

测流方案见表3.2.15。

表 3.2.15　测流方案

水情级别	高水	中水	低水	枯水
水位级(m)	>37.50	35.80~37.50	35.10~35.80	<35.10
测流方法	缆道	缆道	缆道	涉水

(5)属站管理。

各属站信息见表3.2.16。

表 3.2.16　属站信息一览

序号	站名	站类	测验要素	属性
1	贺道桥	雨量站	雨量、墒情	全年
2	小任庄	雨量站	雨量	全年
3	万寨	雨量站	雨量	全年
4	平舆	雨量站	雨量、墒情	全年
5	万金店	雨量站	雨量	全年
6	蔡沟	雨量站	雨量	汛期
7	庙湾	雨量站	雨量	全年

3.2.9 沙口水文站

(1)测站简介。

沙口水文站位于汝河右岸,驻马店市汝南县三桥乡刘寨村,1951年7月由治淮委员会设立,现由河南省驻马店水文水资源勘测局管理。测站是淮河二级支流汝河上的控制站,流域面积5 560 km²,属省级重要水文站。流域多年平均降雨量837 mm,多年平均径流量12.1亿m³。

沙口水文站观测项目有降水、水位、流量、水质、水文调查、冰情。现有沙口(二)断面;主要测验设施有水文缆道2座;主要测验方式为低水时采用缆道,中水时采用缆道或浮标,高水时采用缆道或浮标。

(2)水位—流量关系曲线及大断面图。

沙口水文站水位—流量关系曲线及大断面图见图3.2.19。

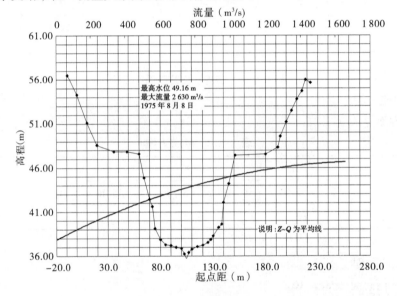

图3.2.19 沙口水文站水位—流量关系曲线及大断面图

(3)水文站平面布设图。

沙口水文站平面布设图见图3.2.20。

(4)测流方案。

测流方案见表3.2.17。

(5)属站管理。

各属站信息见表3.2.18。

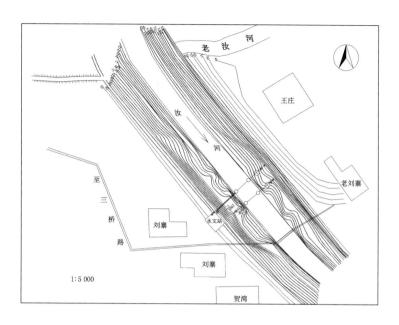

图 3.2.20　沙口水文站平面布设图

表 3.2.17　测流方案

水情级别	高水	中水	低水	枯水
水位级(m)	>42.60	39.00～42.60	37.20～39.00	<37.20
测流方法	缆道、浮标	缆道、浮标	缆道	涉水

表 3.2.18　属站信息一览

序号	站名	站类	测验要素	属性
1	余店	雨量站	雨量	全年
2	小李湾	雨量站	雨量	全年

3.2.10　宋家场水文站

(1)测站简介。

宋家场水文站位于泌阳河上游(十八道河)左岸泌阳县高邑乡宋家场水库,1956 年 5 月由河南省水利厅设立,现由河南省驻马店水文水资源勘测局管理。测站是泌阳河上宋家场水库的出库控制站,流域面积 186 km²,属省级重要水文站。流域多年平均降雨量 930 mm,多年平均径流量 0.63 亿 m³。

宋家场水文站观测项目有降水、水位、流量、蒸发、水文调查、水质、冰情。现有基本水尺断面、流速仪测流断面;主要测验设施有缆道 2 座,测桥 2 座,桥测车 1 辆,自记井 1 座。

(2)水位—库容关系曲线图。

宋家场水库水位—库容曲线见图3.2.21。

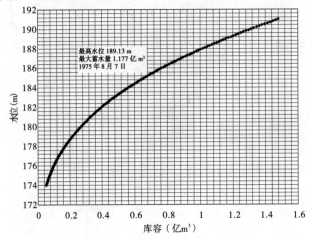

图3.2.21　宋家场水库水位—库容曲线

（3）水文站平面布设图。

宋家场水文站平面布设图见图3.2.22。

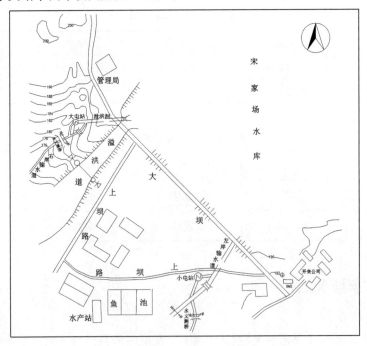

图3.2.22　宋家场水文站平面布设图

（4）测流方案。

测流方案见表3.2.19。

表 3.2.19　测流方案

泄水建筑物	溢洪道	非常溢洪道	泄洪洞	电站	输水洞
测流方式	缆道			测桥	测桥或缆道

（5）属站管理。

各属站信息见表 3.2.20。

表 3.2.20　属站信息一览

序号	站名	站类	测验要素	属性
1	闵庄	雨量站	雨量	全年
2	羊进冲	雨量站	雨量	全年
3	邓庄铺	雨量站	雨量	全年
4	铜峰	雨量站	雨量	汛期
5	柳河	雨量站	雨量	汛期
6	宋家场	雨量站	雨量	全年

3.2.11　遂平水文站

（1）测站简介。

遂平水文站位于汝河右岸,驻马店市遂平县车站乡赵庄村,1951 年 4 月由治淮委员会设立,现属河南省驻马店水文水资源勘测局。测站是淮河二级支流汝河上的控制站,流域面积 1 760 km²,属省级重要水文站。流域多年平均降雨量 946 mm,多年平均径流量 5.31 亿 m³。

遂平水文站观测项目有降水、水位、流量、蒸发、水质、水文调查、墒情。现有遂平(二)断面;主要测验设施有水文缆道 1 座;主要测验方式为低水时涉水测流,中水时采用缆道,高水时采用浮标。此外,当基本断面流速很小时,在基上 8 km 涉水测流。

（2）水位—流量关系曲线及大断面图。

遂平水文站水位—流量关系曲线及大断面图见图 3.2.23。

（3）水文站平面布设图。

遂平水文站平面布设图见图 3.2.24。

（4）测流方案。

测流方案见表 3.2.21。

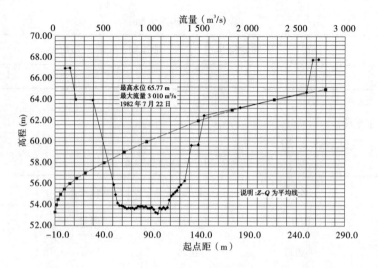

图 3.2.23　遂平水文站水位—流量关系曲线及大断面图

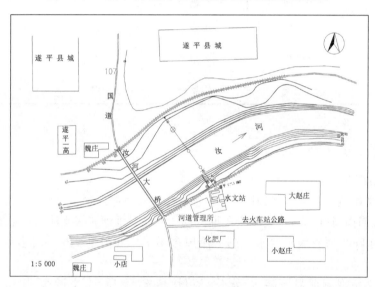

图 3.2.24　遂平水文站平面布设图

表 3.2.21　测流方案

水情级别	高水	中水	低水	枯水
水位级(m)	>55.80	54.60~55.80	54.00~54.60	<54.00
测流方法	缆道或浮标	缆道	缆道或涉水	涉水

(5)属站管理。

各属站信息见表 3.2.22。

表 3.2.22　属站信息一览

序号	站名	站类	测验要素	属性
1	下宋	雨量站	雨量	全年
2	嵖岈山	雨量站	雨量	汛期
3	神沟庙	雨量站	雨量	汛期
4	张台	雨量站	雨量	汛期
5	阳丰	雨量站	雨量	汛期
6	秦王寺	雨量站	雨量	汛期

3.2.12　王勿桥水文站

（1）测站简介。

王勿桥水文站位于间河左岸王勿桥乡王勿桥村,1983 年由河南省水文总站设立,现属河南省驻马店水文水资源勘测局。测站是淮河一级支流间河上的控制站,流域面积 200 km²,属省二级重要水文站。流域多年平均降雨量 955.7 mm,多年平均径流量 0.55 亿 m³。

王勿桥水文站观测项目有降水、水位、流量、蒸发、水质、墒情。现有基本水尺断面、流速仪测流断面;主要测验设施有缆道 1 座,自记井 1 座;主要测验方式为低水时采用缆道,中水时采用缆道,高水时采用缆道。

（2）大断面及水位—流量关系曲线图

王勿桥水文站水位—流量关系曲线及大断面图见图 3.2.25。

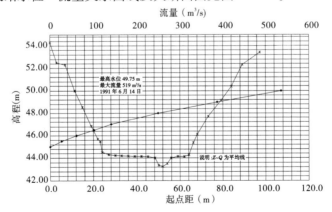

图 3.2.25　王勿桥水文站水位—流量关系曲线及大断面图

（3）水文站平面布设图。

王勿桥水文站平面布设图见图 3.2.26。

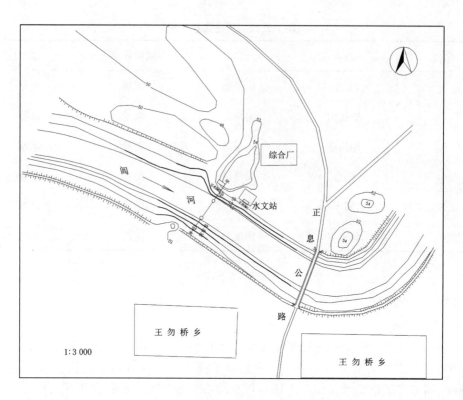

图 3.2.26 王勿桥水文站平面布设图

(4)测流方案。

测流方案见表 3.2.23。

表 3.2.23　测流方案

水情级别	高水	中水	低水	枯水
水位级(m)	>46.70	45.50~46.70	44.30~45.50	<44.30
测流方法	缆道	缆道	缆道	涉水

(5)属站管理。

各属站信息见表 3.2.24。

表 3.2.24　属站信息一览

序号	站名	站类	测验要素	属性
1	陡沟	雨量站	雨量	汛期
2	江湾	雨量站	雨量	全年
3	梁庙	雨量站	雨量	全年
4	铜钟	雨量站	雨量	全年
5	大高庄	雨量站	雨量	汛期
6	间河店	雨量站	雨量	全年

序号	站名	站类	测验要素	属性
7	杨店	雨量站	雨量	汛期
8	王围孜	雨量站	雨量	汛期
9	新丰集	雨量站	雨量	汛期
10	正阳	雨量站	雨量、墒情	全年
11	袁寨	雨量站	雨量	全年
12	汝南埠	雨量站	雨量	全年
13	王勿桥	雨量站	雨量	全年

3.2.13 五沟营(洪二)水文站

(1)测站简介。

五沟营(洪二)水文站位于西平县五沟营乡,1956 年 2 月由治淮委员会设立为汛期水文站,现由河南省驻马店水文水资源勘测局管理。测站是淮河一级支流洪河上的控制站,主要为老王坡滞洪区服务,流域面积 1 564 km²,属省二级重要水文站。流域多年平均降雨量 815.4 mm,多年平均径流量 3.0 亿 m³。

五沟营(洪二)水文站观测项目有降水、水位、流量、水文调查、水质、冰情、墒情。现有基本水尺断面、流速仪测流断面;主要测验设施有缆道 1 座,自记井 1 座;主要测验方式为低水采用缆道,中水采用缆道,高水采用缆道。

(2)大断面及水位—流量关系曲线图。

五沟营(洪二)水文站水位—流量关系曲线及大断面图见图 3.2.27。

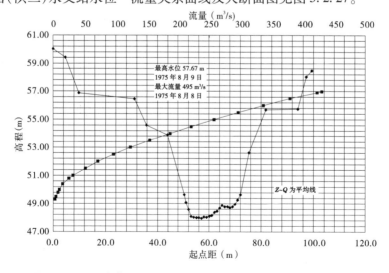

图 3.2.27 五沟营(洪二)水文站水位—流量关系曲线及大断面图

(3)水文站平面布设图。

五沟营(洪二)水文站平面布设图见图3.2.28。

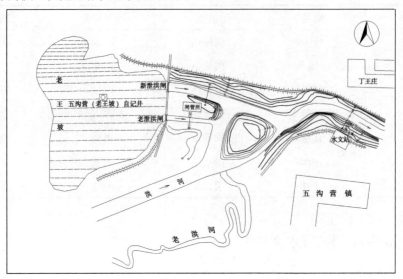

图 3.2.28 五沟营(洪二)水文站平面布设图

(4)测流方案。

测流方案见表 3.2.25。

表 3.2.25 测流方案

水情级别	高水	中水	低水	枯水
水位级(m)	>52.70	50.10~52.70	49.30~50.10	<49.30
测流方法	缆道	缆道	缆道	涉水

(5)属站管理。

各属站信息见表 3.2.26。

表 3.2.26 属站信息一览

序号	站名	站类	测验要素	属性
1	上蔡	雨量站	雨量	全年
2	西洪桥	雨量站	雨量、墒情	全年
3	重渠	雨量站	雨量	汛期
4	杨岗	雨量站	雨量	汛期
5	朱里	雨量站	雨量	汛期
6	五沟营	雨量站	雨量	全年

3.2.14 新蔡水文站

(1)测站简介。

新蔡水文站位于洪河左岸,驻马店市新蔡县古吕乡丁湾村,1950 年 11 月由治淮委员会设立,现由河南省驻马店水文水资源勘测局管理。测站是淮河一级支流洪河上的控制站,流域面积 4 110 km²,属省级重要水文站。流域多年平均降雨量 847 mm,多年平均径流量 9.59 亿 m³。

新蔡水文站观测项目有水位、流量、降水量、水质、冰情、水文调查、墒情。现有洪河断面;主要测验设施有水文缆道 2 座;主要测验方式为低水时采用缆道,中水时采用缆道,高水时采用缆道。

(2)水位—流量关系曲线及大断面图。

新蔡水文站水位—流量关系曲线及大断面图见图 3.2.29。

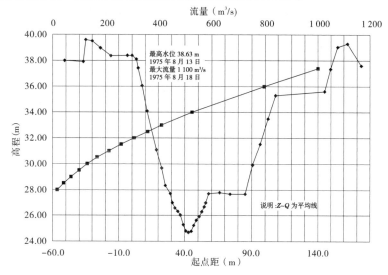

图 3.2.29　新蔡水文站水位—流量关系曲线及大断面图

(3)水文站平面布设图。

新蔡水文站平面布设图见图 3.2.30。

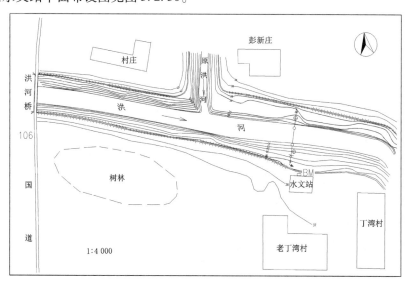

图 3.2.30　新蔡水文站平面布设图

(4)测流方案。

测流方案见表 3.2.27。

表 3.2.27　测流方案

水情级别	高水	中水	低水	枯水
水位级(m)	>32.40	28.00～32.40	27.30～28.00	<27.30
测流方法	缆道	缆道	缆道	缆道或涉水

(5)属站管理。

各属站信息见表 3.2.28。

表 3.2.28　属站信息一览

序号	站名	站类	测验要素	属性
1	李桥	雨量站	雨量	全年
2	邢庄	雨量站	雨量	汛期
3	孙庄	雨量站	雨量	汛期
4	冯围孜	雨量站	雨量	全年

3.2.15　桂庄水文站

(1)测站简介。

桂庄水文站位于汝河左岸汝南县三桥乡宿鸭湖水库,1959 年 1 月 1 日由河南省水利厅设立为桂庄水文站,1964 年 1 月 1 日由水利电力部河南省水文总站领导,1969 年 1 月 1 日改由河南省革命委员会水利局领导,1970 年 1 月 1 日下放到水库革命委员会领导,1980 年 1 月 1 日上收到河南省水利厅水文总站。现由河南省驻马店水文水资源勘测局管理。测站是淮河二级支流汝河上宿鸭湖水库的出库控制站,流域面积 4 715 km^2,属国家级重要水文站。流域多年平均降雨量 900 mm,多年平均径流量 10.8 亿 m^3。

桂庄水文站观测项目有降水、水位、流量、蒸发、水质、水温、冰情、墒情。现有基本水尺断面、流速仪测流断面;主要测验设施有缆道 2 座,自记井 1 座。

(2)水位库容关系曲线及调洪曲线。

宿鸭湖水库水位—库容曲线见图 3.2.31。

宿鸭湖水库调洪曲线见图 3.2.32。

(3)水文站平面布设图。

桂庄水文站平面布设图见图 3.2.33。

(4)测流方案。

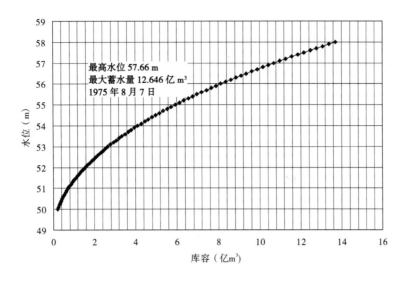

图 3.2.31 宿鸭湖水库水位—库容曲线

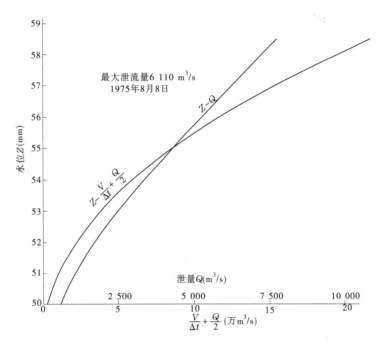

图 3.2.32 宿鸭湖水库调洪曲线

测流方案见表 3.2.29。

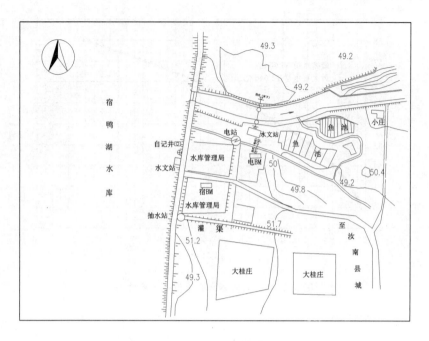

图 3.2.33　桂庄水文站平面布设图

表 3.2.29　测流方案

泄水建筑物	溢洪道	非常溢洪道	泄洪洞	电站	输水洞
测流方式				缆道	缆道

(5)属站管理。

各属站信息见表 3.2.30。

表 3.2.30　属站信息一览

序号	站名	站类	测验要素	属性
1	罗店	雨量站	雨量	全年
2	和庄	雨量站	雨量	全年
3	李集	雨量站	雨量	汛期
4	桂庄	雨量站	雨量	全年
5	蔡埠口(三)	水位站	水位、雨量	全年

3.2.16　夏屯水文站

(1)测站简介。

夏屯水文站位于汝河右岸驻马店市汝南县三桥乡杜庄村,1958 年 6 月 1 日由河南省水利厅设立,1959 年 5 月 23 日上迁至距闸下约 670 m 处,1964 年 1 月 1 日改由水利电力部河南省水文总站领导,1969 年 1 月 1 日改由河南省革命委员会水利局领导,1970 年 1 月 1 日下放到水库革命委员会领导。1980 年 1 月 1 日改由河南省水文总站领导。现由河南省驻马店水文水资源勘测局管理。测站是淮河二级支流汝河上宿鸭湖水库的出库控制站。流域面积 4 715 km²，属省级重要水文站。流域多年平均降雨量 900 mm，多年平均径流量 10.8 亿 m³。

夏屯水文站观测项目有降水、水位、流量、水质、冰情、水文调查。现有基本水尺断面、流速仪测流断面，主要测验设施有缆道 1 座、自记井 1 座、测桥 1 座。

（2）水位库容关系曲线及调洪曲线。

宿鸭湖水库水位—库容曲线见图 3.2.34。

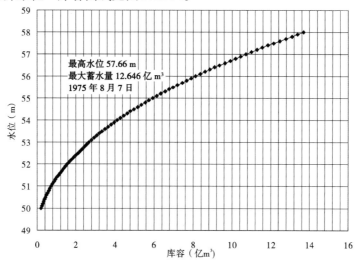

图 3.2.34　宿鸭湖水库水位—库容曲线

宿鸭湖水库调洪曲线见图 3.2.35。

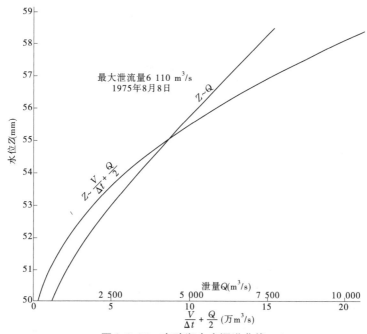

图 3.2.35　宿鸭湖水库调洪曲线

（3）水文站平面布设图。

夏屯水文站平面布设图见图3.2.36。

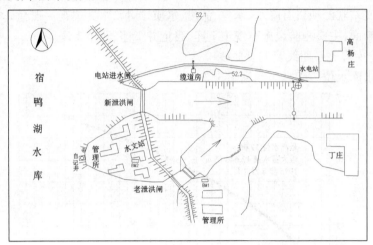

图 3.2.36　夏屯水文站平面布设图

（4）测流方案。

测流方案见表3.2.31。

表 3.2.31　测流方案

泄水建筑物	溢洪道	非常溢洪道	泄洪洞	电站	新、老闸
测流方式				缆道	测桥

（5）属站管理。

各属站信息见表3.2.32。

表 3.2.32　属站信息一览

序号	站名	站类	测验要素	属性
1	和孝店	雨量站	雨量	全年
2	夏屯	雨量站	雨量	全年

3.2.17　杨庄（二）水文站

（1）测站简介。

杨庄（二）水文站位于西平县杨庄乡李湾村,1954年5月2日由治淮委员会设立为三等水文站,现由河南省驻马店水文水资源勘测局管理。测站是淮河一级支流洪河上的控制站,流域面积1 037 km²,属省二级重要水文站。流域多年平均降雨量886.5 mm,多年平均径流量2.78亿 m³。

杨庄（二）水文站观测项目有降水、水位、流量、水文调查、水质、冰情。现有基本水尺断面、流速仪测流断面;主要测验设施有缆道1座,自记井1座;主要测验方式为缆道流速仪测流法,全年简测法占40%,常测法占60%,非汛期7～10天测流一次,汛期根据水位的涨、落变化控制执行,以能满足定线要求为准,左、右岸岸边系数采用0.70。主要测验方式为缆道。

(2)大断面及水位—流量关系曲线图。

杨庄(二)水文站水位—流量关系曲线及大断面图见图3.2.37。

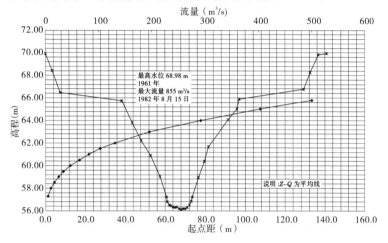

图3.2.37 杨庄(二)水文站水位—流量关系曲线及大断面图

(3)水文站平面布设图。

杨庄(二)水文站平面布设图见图3.2.38。

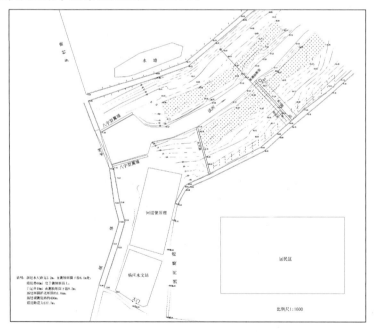

图3.2.38 杨庄(二)水文站平面布设图

(4)测流方案。

测流方案见表 3.2.33。

表 3.2.33　测流方案

水情级别	高水	中水	低水	枯水
水位级(m)	>60.00	57.90~60.00	57.20~57.90	<57.20
测流方法	缆道	缆道	缆道	涉水

(5)属站管理。

各属站信息见表 3.2.34。

表 3.2.34　属站信息一览

序号	站名	站类	测验要素	属性
1	吕店	雨量站	雨量	汛期
2	黄湾	雨量站	雨量	全年
3	杨庄	雨量站	雨量	全年

3.2.18　驻马店水文站

(1)测站简介。

驻马店水文站位于练江河左岸驻马店市驿城区老街办事处黑泥沟村,1956 年 6 月 1 日由治淮委员会设立为和庄水文站,1957 年由河南省水利厅领导。1958 年由驻马店镇水利局领导。1962 年由信阳专署水利局领导。1963 年由河南省水利厅领导。1964 年由水利电力部河南省水文总站领导。因受宿鸭湖水库回水影响,于 1967 年 5 月 1 日上迁 15 km,改名为驻马店水文站。1969 年由河南省水利局领导。1980 年 1 月 1 日之后由河南省水利厅水文总站、水文水资源总站、水文水资源局领导迄今。现由河南省驻马店水文水资源勘测局管理。测站是汝河一级支流练江河上的控制站,流域面积 104 km²,属省级重要水文站。流域多年平均降雨量 920 mm,多年平均径流量 0.30 亿 m³。

驻马店水文站观测项目有降水、水位、流量、水文调查、水质、冰情、墒情。现有基本水尺断面、流速仪测流断面;主要测验设施有缆道 1 座,桥测车 1 辆,测船 1 艘,自记井 1 座;主要测验方式为低水时采用涉水,中水时采用缆道,高水时采用缆道或测船。

(2)水位—流量关系曲线及大断面图。

驻马店水文站水位—流量关系曲线及大断面见图 3.2.39。

(3)水文站平面布设图。

驻马店水文站平面布设图见图 3.2.40。

(4)测流方案。

测流方案见表 3.2.35。

· 82 ·

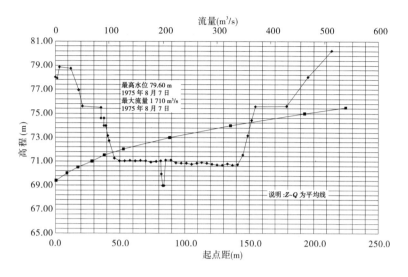

图 3.2.39 驻马店水文站水位—流量关系曲线及大断面图

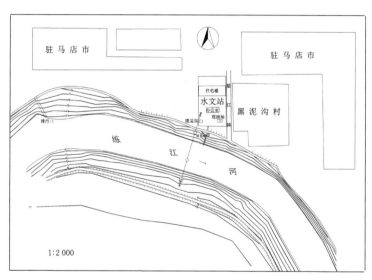

图 3.2.40 驻马店水文站平面布设

表 3.2.35 测流方案

水情级别	高水	中水	低水	枯水
水位级(m)	>70.80	69.70~70.80	69.02~69.70	<69.02
测流方法	缆道、浮标或测船	缆道、浮标	涉水	涉水

(5)属站管理。

各属站信息见表 3.2.36。

表 3.2.36　属站信息一览

序号	站名	站类	测验要素	属性
1	张庄	雨量站	雨量	全年
2	刘阁	雨量站	雨量	全年
3	胡庙	雨量站	雨量	全年
4	吴李庄	雨量站	雨量	全年
5	驻马店	雨量站	雨量	全年

3.3　许昌辖区水文站

3.3.1　白沙水库水文站

（1）测站简介。

白沙水库水文站位于颍河右岸许昌市禹州市花石乡白沙村,1951 年 3 月由治淮委员会设立,现由河南省许昌水文水资源勘测局管理。测站是淮河一级支流颍河上白沙水库的出库控制站,流域面积 962 km²,属省级重要水文站。流域多年平均降雨量 664.6 mm,多年平均径流量 0.988 6 亿 m³。

白沙水库水文站观测项目有降水、蒸发、水位、水温、流量、水文调查、水质。现有坝上基本水尺断面、尾水渠流速仪测流断面、南干渠流速仪测流断面、新北干渠流速仪测流断面;主要测验设施有坝上自记水位井 1 座、尾水渠缆道 1 座、南干渠和新北干渠测流桥各 1 处。

（2）水位—库容曲线及水位—泄量曲线图。

白沙水库水位—库容曲线见图 3.3.1。

白沙水库水位—泄量曲线见图 3.3.2。

（3）水文站平面布设图。

白沙水库水文站平面布设图见图 3.3.3。

（4）测流方案。

测流方案见表 3.3.1。

（5）属站管理。

各属站信息见表 3.3.2。

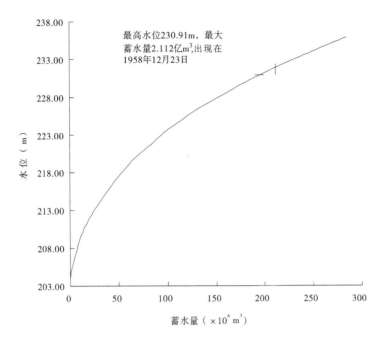

图 3.3.1　白沙水库水位—库容曲线

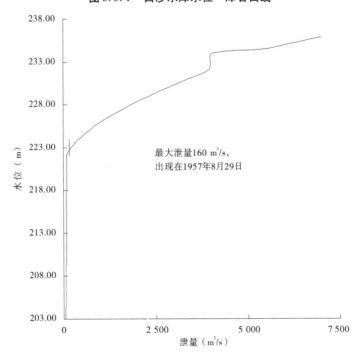

图 3.3.2　白沙水库水位—泄量曲线

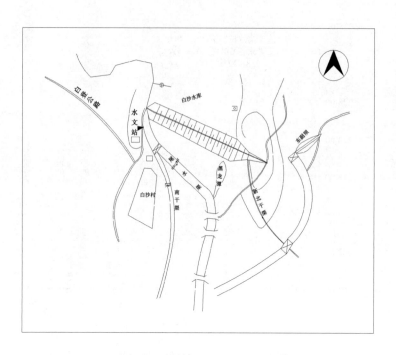

图 3.3.3　白沙水库水文站平面布设图

表 3.3.1　测流方案

泄水建筑物	溢洪道	非常溢洪道	尾水渠	南干渠	新北干渠
测流方式	水力学公式	水力学公式	缆道、涉水	桥测	桥测

表 3.3.2　属站信息一览

序号	站名	站类	测验要素	属性
1	徐庄	雨量站	雨量	全年
2	牛头	雨量站	雨量	全年
3	鸠山	雨量站	雨量	全年
4	纸坊	雨量站	雨量	全年
5	顺店	雨量站	雨量	汛期
6	禹州	雨量站	雨量	全年
7	古城	雨量站	雨量	全年
8	神垕	雨量站	雨量	全年

3.3.2　大陈水文站

（1）测站简介。

大陈水文站位于北汝河左岸许昌市襄城县山头店乡大陈村，1979 年 1 月由河南省水利厅设立,现由河南省许昌水文水资源勘测局管理。测站是淮河三级支流北汝河上的控制站,流域面积 5 550 km²,属国家级重要水文站。流域多年平均降雨量 722.9 mm,多年平均径流量 9.625 亿 m³。

大陈水文站观测项目有降水、水位、流量、水文调查、水质。现有闸上基本水尺断面、北分水闸流速仪测流断面;主要测验设施有闸上缆道 1 座;主要测验方式为闸上低水时采涉水,中、高水时采用缆道,北分水闸采用桥测。

(2)自由堰流、孔流和淹没孔流曲线及大断面图。

大陈水文站自由孔流及自由堰流曲线图见图 3.3.4、图 3.3.5。

大陈水文站淹没孔流曲线见图 3.3.6。

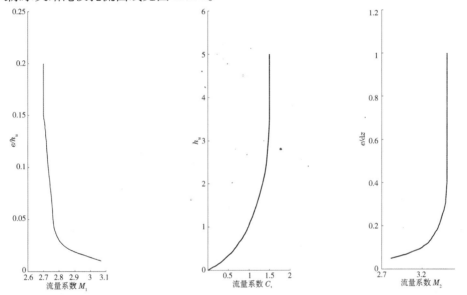

图 3.3.4 大陈水文站自由
孔流曲线

图 3.3.5 大陈水文站自由
堰流曲线

图 3.3.6 大陈水文站淹
没孔流曲线

大陈水文站大断面图见图 3.3.7。

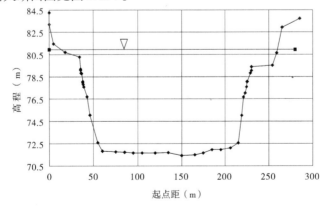

图 3.3.7 大陈水文站大断面图

(3)水文站平面布设图。

大陈水文站平面布设图见图3.3.8。

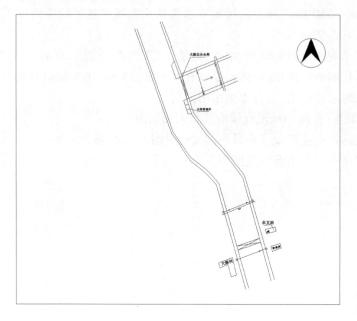

图 3.3.8　大陈水文站平面布设图

(4)测流方案。

测流方案见表3.3.3。

表 3.3.3　测流方案

水情级别	高水	中水	低水	枯水
流量级(m³/s)	>500	100~500	5~100	<5
测流方法	缆道	缆道	涉水	涉水

(5)属站管理。

各属站信息见表3.3.4。

表 3.3.4　属站信息一览

序号	站名	站类	测验要素	属性
1	小河	雨量站	雨量	全年
2	韩店	雨量站	雨量	全年
3	老虎洞	雨量站	雨量	全年
4	郏县(城关)	雨量站	雨量	全年
5	郏县	雨量站	雨量、水位	全年
6	刘武店	雨量站	雨量	全年
7	襄城	雨量站	雨量	全年

3.3.3　化行水文站

(1)测站简介。

化行水文站位于颍河右岸许昌市襄城县双庙乡化行村,1984年1月由河南省水利厅设立,现由河南省许昌水文水资源勘测局管理。测站是淮河一级支流颍河上的控制站,流域面积 1 912 km²,属省级重要水文站。流域多年平均降雨量 670.4 mm,多年平均径流量 0.876 亿 m³。

化行水文站观测项目有降水、蒸发、水位、流量、墒情、水文调查、水质。现有闸上基本水尺断面、闸下基本水尺断面、北分水闸流速仪测流断面、南进水闸流速仪测流断面;主要测验设施有闸下缆道 1 座;主要测验方式为闸下低水时采用涉水,中、高水时采用缆道,南进水闸和北分水闸采用桥测。

(2)水位—流量关系曲线及大断面图。

化行水文站为闸坝站,闸下测流,大断面测量也为闸下,最高水位统计的是闸上,无稳定的水位流量关系,高水时有自由堰流和淹没孔流两条曲线,中低水时为连实测流量过程线。

化行水文站自由堰流及淹没孔流曲线见图 3.3.9、图 3.3.10。

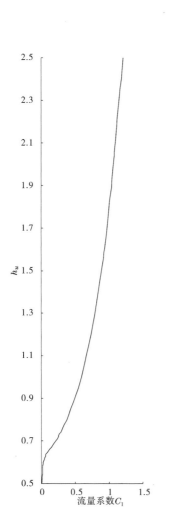 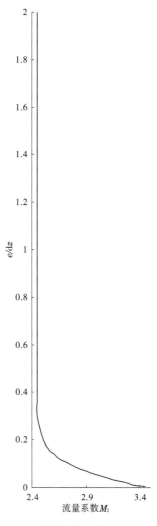

图 3.3.9 化行水文站自由堰流曲线　　图 3.3.10 化行水文站淹没孔流曲线

化行水文站大断面图见图3.3.11。

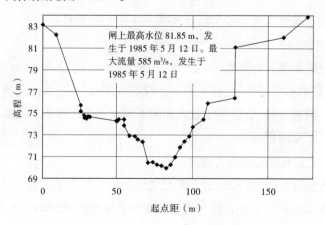

闸上最高水位 81.85 m，发生于 1985 年 5 月 12 日。最大流量 585 m³/s，发生于 1985 年 5 月 12 日

图 3.3.11　化行水文站大断面图

（3）水文站平面布设图。

化行水文站平面布设图见图 3.3.12。

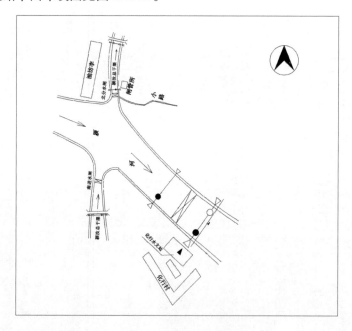

图 3.3.12　化行水文站平面布设图

（4）测流方案。

化行站为堰闸站，测流控制主要依据闸下水位进行控制。

测流方案见表 3.3.5。

表 3.3.5　测流方案

水情级别	高水	中水	低水	枯水
闸下水位级(m)	>74.50	73.70～74.50	73.40～73.70	<73.40
测流方法	缆道	缆道	涉水	涉水

（5）属站管理。

各属站信息见表 3.3.6。

表 3.3.6　属站信息一览

序号	站名	站类	测验要素	属性
1	范湖	雨量站	雨量	全年
2	杨庄	雨量站	雨量	汛期
3	长葛	雨量站	雨量	全年
4	许昌	雨量站	雨量	全年
5	赵庄	雨量站	雨量	汛期
6	石象	雨量站	雨量	汛期
7	五女店	雨量站	雨量	汛期
8	屯沟	雨量站	雨量	全年

3.4　平顶山辖区水文站

3.4.1　孤石滩水文站

（1）测站简介。

孤石滩水文站位于澧河上游平顶山叶县常村镇小呼陀村;1952 年 3 月由河南省水利厅设立,现由河南省平顶山水文水资源勘测局管理。测站是澧河上游出库控制站,流域面积286 km²,属省级重要水文站。流域多年平均降雨量 935 mm,多年平均径流量 0.45 亿 m³。

孤石滩水文站观测项目有降水、水位、进出库流量、蒸发、水文调查、水质、初终霜。现有泄洪闸测流断面、电站测流断面;主要测验设施有缆道 1 座,自记井 1 座。

（2）水位—库容关系曲线及水位—泄量曲线。

孤石滩水库水位—库容关系曲线及水位—泄量曲线见图 3.4.1。

（3）水文站平面布设图。

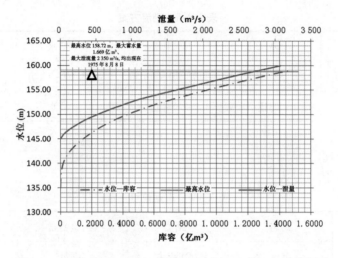

图 3.4.1 孤石滩水库水位—库容关系曲线及水位—泄量曲线

孤石滩水文站平面布设图见图 3.4.2。

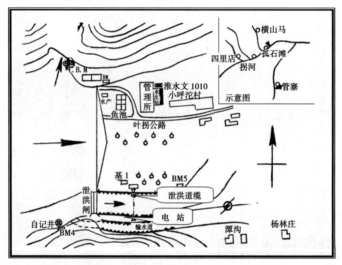

图 3.4.2 孤石滩水文站平面布设图

(4)测流方案。

测流方案见表 3.4.1。

表 3.4.1 测流方案

泄水建筑物	溢洪道	非常溢洪道	泄洪洞	电站	输水洞
测流方式	缆道			测桥	测桥

(5)属站管理。

各属站信息见表 3.4.2。

表 3.4.2 属站信息一览

序号	站名	站类	测验要素	属性
1	四里店	雨量站	雨量	全年
2	大田庄	雨量站	雨量	全年
3	拐河	雨量站	雨量	全年
4	横山马	雨量站	雨量	全年
5	油坊庄	雨量站	雨量	汛期
6	母猪窝	雨量站	雨量	汛期
7	板凳沟	雨量站	雨量	汛期
8	桔茨园	雨量站	雨量	汛期

3.4.2 下孤山水文站

（1）测站简介。

下孤山水文站位于荡泽河右岸观音寺乡下孤山村,1961 年 8 月由河南省水利厅设立,现由河南省平顶山市水文水资源勘测局管理。测站是沙河支流荡泽河上的控制站,流域面积 354 km^2,属省级重要水文站。流域多年平均降雨量 800 mm。

下孤山水文站观测项目有水位、流量、降水量、比降、冰情、水量调查及初终霜。现有基本水尺断面、比降断面;主要测验设施有浮标缆道 1 座,自记井 1 座;主要测验方式为低水时采用流速仪,中水时采用浮标,高水时采用比降面积法。

（2）水位—流量关系曲线及大断面图。

下孤山水文站水位—流量关系曲线及大断面图见图 3.4.3。

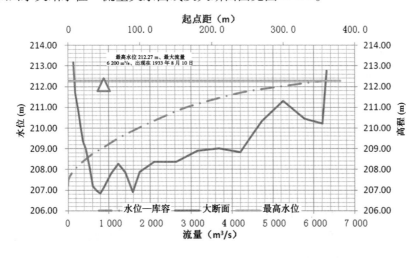

图 3.4.3 下孤山水文站水位—流量关系曲线及大断面图

（3）水文站平面布设图。

下孤山水文站平面布设图见图3.4.4。

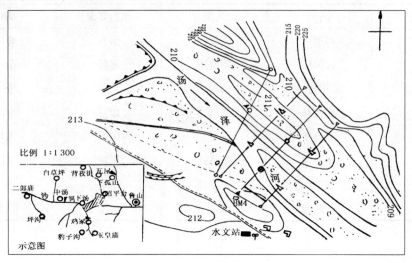

图3.4.4　下孤山水文站平面布设图

（4）测流方案。

测流方案见表3.4.3。

表3.4.3　测流方案

水情级别	高水	中水	低水	枯水
水位级（m）	>210.00	209.00～210.00	208.00～209.00	<208.00
测流方法	比降面积法	浮标	流速仪	流速仪

（5）属站管理。

各属站信息见表3.4.4。

表3.4.4　属站信息一览

序号	站名	站类	测验要素	属性
1	磁盘岭	雨量站	雨量	全年
2	背孜街	雨量站	雨量	全年
3	井河口	雨量站	雨量	全年
4	土门	雨量站	雨量	全年
5	叶坪	雨量站	雨量	汛期
6	瓦屋	雨量站	雨量	全年
7	曹楼	雨量站	雨量	全年
8	堂南岭	雨量站	雨量	汛期

3.4.3 石漫滩水文站

(1)测站简介。

石漫滩水文站位于洪河左岸平顶山市舞钢市石漫滩水库,1951 年由治淮委员会设立,现属河南省平顶山水文水资源勘测局,为淮河一级支流洪河上石漫滩水库控制站,流域面积 230 km²,属国家重要水文站。流域多年平均降雨量 1 056 mm,多年平均径流量 0.84 亿 m³。

石漫滩水文站观测项目有水位、水温、降水、蒸发、墒情、流量、水文调查、水质、初终霜、冰情。现有基本水尺断面、流速仪测流断面;主要测验设施有自记井 1 座。

(2)水位—库容关系曲线及水位—泄量曲线。

石漫滩水文站水位—库容及水位—泄量曲线见图 3.4.5。

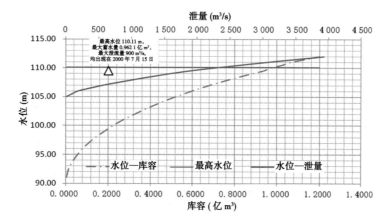

图 3.4.5 石漫滩水文站水位—库容及水位—泄量曲线

(3)测流方案。

测流方案见表 3.4.5。

表 3.4.5 测流方案

泄水建筑物	溢洪道	非常溢洪道	泄洪洞	电站	输水洞
测流方式	ADCP				流速仪

(4)属站管理。

各属站信息见表 3.4.6。

表 3.4.6 属站信息一览

序号	站名	站类	测验要素	属性
1	柏庄	雨量站	雨量	全年
2	尚店	雨量站	雨量	全年
3	袁门	雨量站	雨量	全年
4	刀子岭	雨量站	雨量	全年
5	王楼	雨量站	雨量	全年
6	安寨	雨量站	雨量	汛期

3.4.4 汝州水文站

（1）测站简介。

汝州水文站位于北汝河北岸汝州市钟楼区郭庄村,1977年5月由河南省革命委员会水利局设立,现由河南省平顶山水文水资源勘测局管理。测站为北汝河上的控制站,流域面积3 005 km²,属国家级重要水文站。流域多年平均降雨量644.7 mm。

汝州水文站观测项目有水位、流量、降水量、水质、墒情。现有基本断面、临时测流断面;主要测验设施有桥测车;主要测验方式为低水时采用流速仪和小浮标,中水时采用流速仪,高水时采用流速仪和电波流速仪。

（2）水位—流量关系曲线及大断面图。

汝州水文站水位—流量关系曲线及大断面图见图3.4.6。

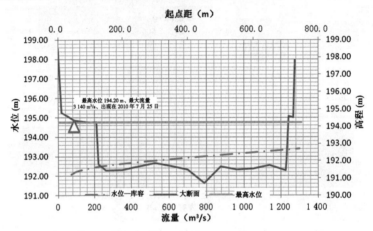

图3.4.6 汝州水文站水位—流量关系曲线及大断面图

（3）水文站平面布设图。

汝州水文站平面布设图见图3.4.7。

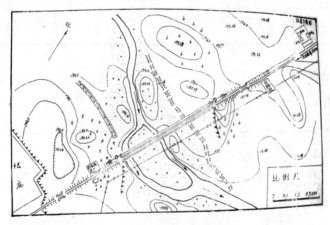

图3.4.7 汝州水文站平面布设图

（4）测流方案。

测流方案见表3.4.7。

表3.4.7 测流方案

水情级别	高水	中水	低水	枯水
水位级(m)	>193.20	192.60～193.20	192.00～192.60	<192.00
测流方法	桥测	桥测	涉水	涉水

（5）属站管理。

各属站信息见表3.4.8。

表3.4.8 属站信息一览

序号	站名	站类	测验要素	属性
1	临汝镇	雨量站	雨量	全年
2	寄料街	雨量站	雨量	全年
3	夏店	雨量站	雨量	全年
4	蟒川	雨量站	雨量	全年
5	汝州	雨量站	雨量	全年

3.4.5 白龟山水库水文站

（1）测站简介。

白龟山水库水文站位于沙颍河水系上游,平顶山市西南郊庙候村,1954年7月由治淮委员会设立,现由河南省平顶山市水文水资源勘测局管理。测站是淮河一级支流沙河上白龟山水库的出库控制站,流域面积2 740 km²,属国家级重要水文站。流域多年平均降雨量900 mm,多年平均径流量4.23亿 m³。

白龟山水库水文站观测项目有水位、水温、降水、流量、蒸发、水文调查、水质、初终霜、冰情、墒情。现有泄洪闸测流断面、北干渠测流断面、南干渠测流断面;主要测验设施有桥测车1辆,自记井1座。

（2）水位—库容关系曲线及水位—泄量曲线图(低水无资料)。

白龟山水库水位—库容关系曲线及水位—泄量曲线见图3.4.8。

（3）水文站平面布设图。

白龟山水库水文站平面布设图见图3.4.9。

（4）测流方案。

测流方案见表3.4.9。

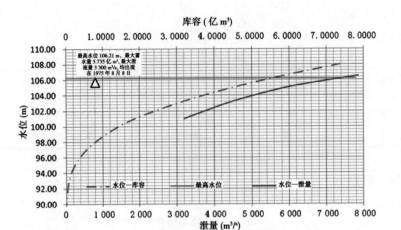

图 3.4.8 白龟山水库水位—库容关系曲线及水位—泄量曲线

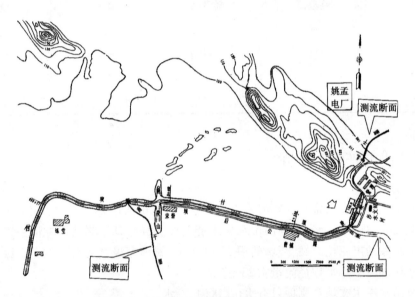

图 3.4.9 白龟山水库水文站平面布设图

表 3.4.9 测流方案

泄水建筑物	溢洪闸	南干渠	北干渠	电站	输水洞
测流方式	桥测	桥测	桥测		

(5)属站管理。

各属站信息见表 3.4.10。

表 3.4.10　属站信息一览

序号	站名	站类	测验要素	属性
1	龙兴寺	雨量站	雨量	全年
2	熊背	雨量站	雨量	全年
3	鲁山	雨量站	雨量	全年
4	梁洼	雨量站	雨量	全年
5	大营	雨量站	雨量	全年
6	达店	雨量站	雨量	全年
7	澎河	雨量站	雨量	全年
8	潢阳	雨量站	雨量	全年
9	响潭沟	雨量站	雨量	汛期
10	李庄	雨量站	雨量	汛期
11	张庄	雨量站	雨量	汛期
12	河陈	雨量站	雨量	全年
13	宝丰	雨量站	雨量	全年
14	叶县	雨量站	雨量	全年
15	东高皇	雨量站	雨量	全年
16	白龟山	雨量站	雨量	全年

3.4.6　中汤水文站

（1）测站简介。

中汤水文站位于沙河左岸中汤村东头,1961 年 4 月由许昌市水利局设立,现由河南省平顶山水文水资源勘测局管理。测站是沙河上游的控制站,流域面积 485 km²,属国家级重要水文站。流域多年平均降雨量 850 mm。

中汤水文站观测项目有降水、水位、流量、水文调查、初终霜、水温、冰情、比降。现有基本水尺断面、比降水尺断面;主要测验设施有浮标投掷器 1 座,主要测验方式为低水时采用涉水,中、高水时采用浮标或比降面积法。

（2）水位—流量关系曲线及大断面图。

中汤水文站水位—流量关系曲线及大断面图见图 3.4.10。

（3）水文站平面布设图。

中汤水文站平面布设图见图 3.4.11。

（4）测流方案。

测流方案见表 3.4.11。

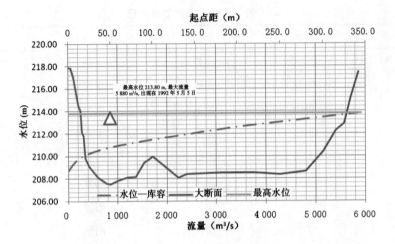

图 3.4.10 中汤水文站水位—流量关系曲线及大断面图

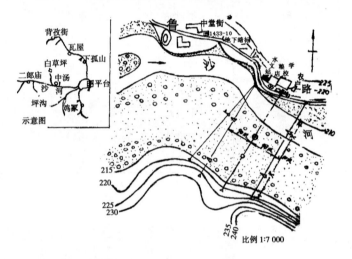

图 3.4.11 中汤水文站平面布设图

表 3.4.11 测流方案

水情级别	高水	中水	低水	枯水
水位级（m）	>212.00	210.00～212.00	209.00～210.00	<209.00
测流方法	浮标	浮标	浮标	涉水

（5）属站管理。

各属站信息见表 3.4.12。

表 3.4.12　属站信息一览

序号	站名	站类	测验要素	属性
1	合庄	雨量站	雨量	全年
2	南沟	雨量站	雨量	汛期
3	坪沟	雨量站	雨量	全年
4	东下坪	雨量站	雨量	汛期
5	赵村	雨量站	雨量	汛期
6	二郎庙	雨量站	雨量	全年
7	白草坪	雨量站	雨量	全年
8	独嘴	雨量站	雨量	全年
9	双石滚	雨量站	雨量	汛期
10	下坪	雨量站	雨量	全年

3.4.7　燕山水文站

（1）测站简介。

燕山水文站位于澧河上游平顶山叶县燕山水库,2009 年 1 月由河南省水文水资源局设立,现由河南省平顶山水文水资源勘测局管理。测站是澧河上游燕山水库出库控制站。流域面积 1 169 km²,属国家级重要水文站。流域多年平均降雨量 885 mm,多年平均径流量 3.64 亿 m³。

燕山水文站观测项目有降水、水位、进出库流量、蒸发、水文调查、水质、初终霜、墒情。现有坝下测流断面;主要测验设施有缆道 1 座,自记井 1 座。

（2）水位—库容关系曲线及水位—泄量曲线图。

燕山水库水位—库容关系曲线及水位—泄量曲线图见图 3.4.12。

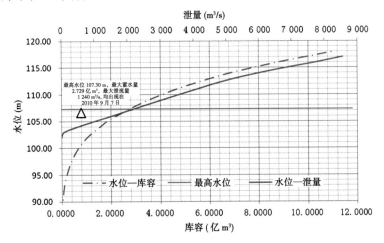

图 3.4.12　燕山水库水位—库容关系曲线及水位—泄量曲线

（3）水文站平面布设图。

燕山水文站平面布设图见图3.4.13。

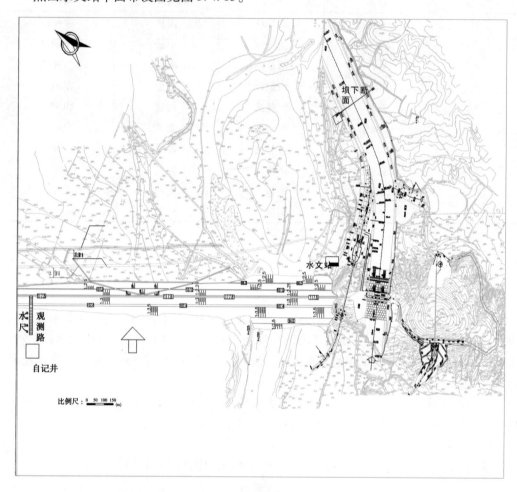

图3.4.13　燕山水文站平面布设图

（4）测流方案。

测流方案见表3.4.13。

表3.4.13　测流方案

泄水建筑物	溢洪道	非常溢洪道	泄洪洞	电站	输水洞
测流方式	缆道			测桥	测桥

（5）属站管理。

各属站信息见表3.4.14。

表 3.4.14　属站信息一览

序号	站名	站类	测验要素	属性
1	小史店	雨量站	雨量	全年
2	治平	雨量站	雨量	全年
3	范沟	雨量站	雨量	全年
4	金汤寨	雨量站	雨量	全年
5	马道	雨量站	雨量	全年
6	独树	雨量站	雨量	全年
7	小刘庄	雨量站	雨量	全年
8	吴沟	雨量站	雨量	汛期
9	高庄	雨量站	雨量	汛期
10	刘岗	雨量站	雨量	汛期
11	蔡岗	雨量站	雨量	汛期
12	旧县	雨量站	雨量	汛期

3.4.8　昭平台水文站

（1）测站简介。

昭平台水文站位于沙河上游平顶山鲁山县城西 12 km 处昭平台水库管理局院内，1959 年 6 月由河南省水利厅设立，现由河南省平顶山水文水资源勘测局管理。测站是沙河上游昭平台水库出库控制站。流域面积 1 430 km², 属国家级重要水文站。流域多年平均降雨量 900 mm, 多年平均径流量 2.30 亿 m³。

昭平台水文站观测项目有降水、水位、进出库流量、蒸发、水文调查、水质、初终霜、墒情。现有泄洪闸测流断面、电站测流断面；主要测验设施有缆道 2 座，自记井 2 座。

（2）水位—库容关系曲线及水位—泄量曲线图。

昭平台水库水位—库容关系曲线及水位—泄量曲线见图 3.4.14。

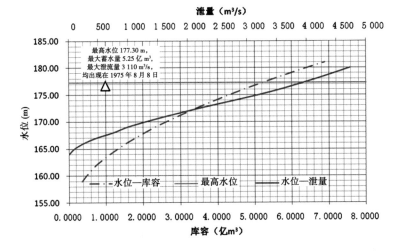

图 3.4.14　昭平台水库水位—库容关系曲线及水位—泄量曲线

（3）水文站平面布设图。

昭平台水文站平面布设图见图 3.4.15。

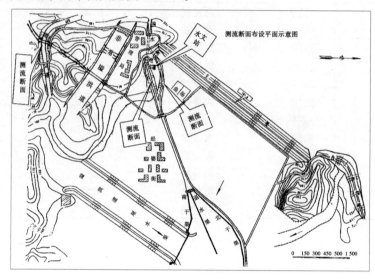

图 3.4.15　昭平台水文站平面布设图

（4）测流方案。

测流方案见表 3.4.15。

表 3.4.15　测流方案

泄水建筑物	溢洪道	非常溢洪道	泄洪洞	电站	输水洞
测流方式	缆道			缆道	

（5）属站管理。

各属站信息见表 3.4.16。

表 3.4.16　属站信息一览

序号	站名	站类	测验要素	属性
1	下汤	雨量站	雨量	全年
2	鲁山	雨量站	雨量	全年
3	玉皇庙	雨量站	雨量	汛期

3.5　漯河辖区水文站

3.5.1　何口（二）水文站

（1）测站简介。

何口水文站位于澧河右岸舞阳县姜店乡冻庄村。1955 年 6 月由河南省水利厅设立，现属河南省漯河水文水资源勘测局，为淮河三级支流澧河上的重要控制站，控制流域面积 2 124 km²，属省级重要水文站，多年平均降雨量 804.0 mm，多年平均径流量 5.586 亿 m³。

何口水文站观测项目有降水、水位、流量、蒸发、水文调查、水质、初终霜、冰情、墒情。现有基本断面、罗湾(进水闸);主要测验设施有测流缆道1座、自记水位井1座;主要测验方式为基本测流断面枯水时采用涉水测流,中、低水时采用缆道,高水时采用缆道、AD-CP或电波流速仪测流。

（2）水位—流量关系曲线及大断面图。

何口水文站水位—流量关系曲线及大断面图见图3.5.1。

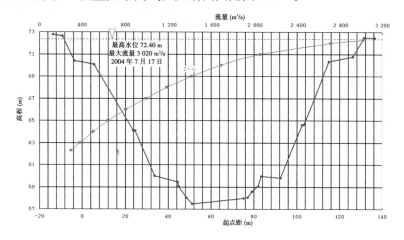

图 3.5.1 何口水文站水位—流量关系曲线及大断面图

（3）水文站平面布设图。

何口水文站平面布设图见图3.5.2。

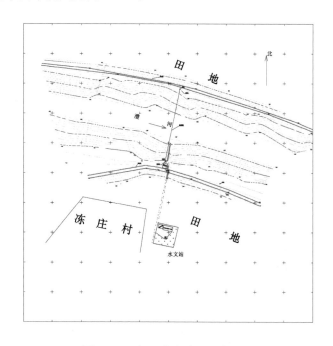

图 3.5.2 何口水文站平面布设图

（4）测流方案。

测流方案见表 3.5.1。

表 3.5.1　测流方案

水情级别	高水	中水	低水	枯水
水位级（m）	≥64.80	61.20～64.80	60.40～61.20	≤60.40
测流方法	缆道、ADCP、浮标	缆道	缆道	涉水

（5）属站管理。

各属站信息见表 3.5.2。

表 3.5.2　属站信息一览

序号	站名	站类	测验要素	属性
1	孟寨	雨量站	雨量	汛期
2	保和	雨量站	雨量	全年
3	坡杨	雨量站	雨量	全年
4	问十	雨量站	雨量	全年
5	罗湾	水位站	水位	进洪时

3.5.2　漯河水文站

（1）测站简介。

漯河水文站位于沙河右岸漯河市源汇区交通路，1931 年 6 月由导淮委员会设立，现属河南省漯河水文水资源勘测局，为淮河二级支流沙河上的控制站，控制流域面积 12 150 km²，属国家级重要水文站，多年平均降雨量 777.7 mm，多年平均径流量 22.53 亿 m³。

漯河水文站观测项目有降水、水位、流量、水文调查、水质、水温、冰情、墒情。现有基本断面、测流断面；主要测验设施有测流缆道 2 座、ADCP 1 部、自记水位井 2 座；主要测验方式为基本测流断面低水时采用涉水，中水时采用缆道，高水时采用浮标、ADCP 或缆道测流。

（2）水位—流量关系曲线及大断面图。

漯河水文站水位—流量关系曲线及大断面图见图 3.5.3。

（3）水文站平面布设图。

漯河水文站平面布设图见图 3.5.4。

（4）测流方案。

基本测流断面方案见表 3.5.3。测流断面方案见表 3.5.4。

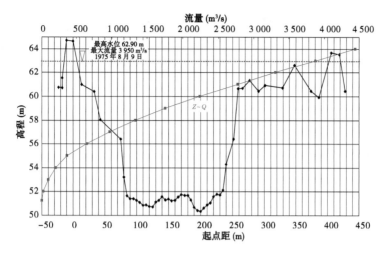

图 3.5.3 漯河水文站水位—流量关系曲线及大断面图

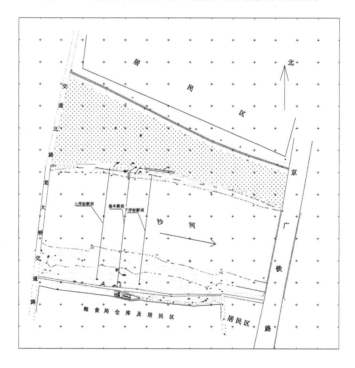

图 3.5.4 漯河水文站平面布设图

表 3.5.3 基本测流断面测流方案

水情级别	高水	中水	低水
水位级(m)	≥55.30	53.60~55.30	≤53.60
测流方法	ADCP、浮标、缆道	缆道	涉水

表 3.5.4　测流断面测流方案

水情级别	高水	中水	低水
水位级(m)	≥52.30	50.60～52.30	≤50.60
测流方法	ADCP	缆道	缆道

(5)属站管理。

各属站信息见表 3.5.5。

表 3.5.5　属站信息一览

序号	站名	站类	测验要素	属性
1	临颍	雨量站	雨量	全年
2	商桥	雨量站	雨量	汛期
3	十五里店	雨量站	雨量	汛期
4	于庄	雨量站	雨量	汛期
5	归庄	雨量站	雨量	汛期

3.5.3　马湾水文站

(1)测站简介。

马湾水文站位于沙河右岸舞阳县莲花镇马湾村。1953 年 6 月由治淮委员会设立,现属河南省漯河水文水资源勘测局,为淮河二级支流沙河上的控制站,控制流域面积 9 448 km^2,属国家级重要水文站。多年平均降雨量 792.0 mm,多年平均径流量 19.13 亿 m^3。

马湾水文站观测项目有降水、水位、流量、水文调查、水质、初终霜、冰情。现有拦河闸基本断面、电站、马湾进洪闸、纸房退水闸、白庄湖中心;主要测验设施有测流缆道 2 座、自记水位井 4 座;主要测验方式为基本测流断面枯水时采用桥测,中、低水时采用缆道,高水时采用缆道、ADCP 或电波流速仪。

(2)水位—流量关系曲线及大断面图

马湾水文站水位—流量关系曲线及大断面图见图 3.5.5。

(3)水文站平面布设图。

马湾水文站平面布设图见图 3.5.6。

(4)测流方案。

测流方案见表 3.5.6。

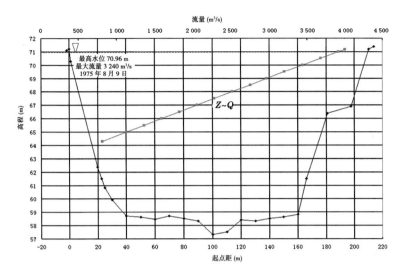

图 3.5.5　马湾水文站水位—流量关系曲线及大断面图

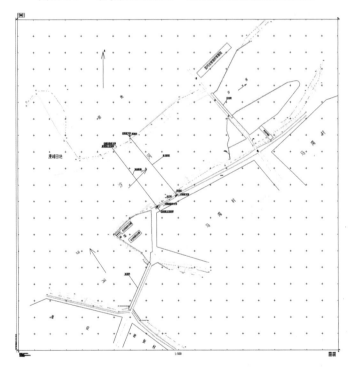

图 3.5.6　马湾水文站平面布设图

表 3.5.6　测流方案

水情级别	高水	中水	低水	枯水
水位级（m）	>65.30	63.70~65.30	62.20~63.70	<62.20
测流方法	缆道、ADCP、电波	缆道	缆道	桥测

（5）属站管理。

各属站信息见表 3.5.7。

表 3.5.7　属站信息一览

序号	站名	站类	测验要素	属性
1	姜庄	雨量站	雨量	全年
2	水寨	雨量站	雨量	全年
3	纸房	雨量站	雨量	全年
4	白庄	水位站	水位	进洪时
5	纸房	水位站	水位	开闸时

3.6　周口辖区水文站

3.6.1　扶沟水文站

（1）测站简介。

扶沟水文站位于贾鲁河右岸扶沟县城关镇，1931 年 6 月由导淮委员会设立，现由河南省周口水文水资源勘测局管理。测站是淮河二级支流贾鲁河上的控制站，流域面积 5 710 km²，属国家级重要水文站。流域多年平均降雨量 727 mm，多年平均径流量 4.848 亿 m³。

扶沟水文站观测项目有水位、流量、含沙量、降水量、蒸发量、墒情、水温、冰情、水质、水文调查。现有扶沟（闸上）基本水尺断面、扶沟（闸下二）基本水尺兼流速仪测流断面；主要测验设施有：1 处水文缆道；主要测验方式为低水时采用涉水施测，中水时采用水文缆道，高水时采用水文缆道或下游 350 m 东关大桥桥测。

（2）水位—流量关系曲线及大断面图。

扶沟水文站水位—流量关系曲线及大断面图见图 3.6.1。

（3）水文站平面布设图。

扶沟水文站平面布设图见图 3.6.2。

（4）测流方案。

测流方案见表 3.6.1。

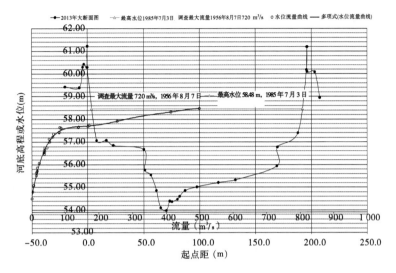

图 3.6.1　扶沟水文站水位—流量关系曲线及大断面图

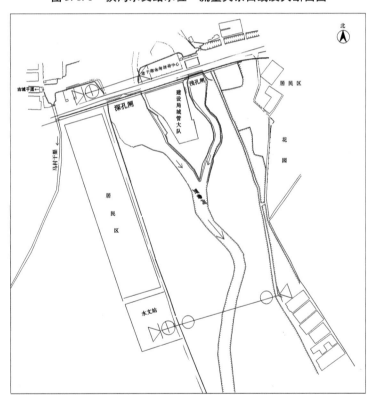

图 3.6.2　扶沟水文站平面布设图

表 3.6.1　测流方案

水情级别	高水	中水	低水	枯水
水位级(m)	≥56.70	55.80～56.70	55.05～55.80	<55.05
测流方法	水文缆道或桥测	水文缆道	涉水	小浮标

(5)属站管理。

各属站信息见表3.6.2。

表3.6.2　属站信息一览

序号	站名	站类	测验要素	属性
1	鄢陵	雨量站	雨量	全年
2	芝麻洼	雨量站	雨量	全年
3	逊母口	雨量站	雨量	汛期
4	高集	雨量站	雨量	汛期
5	练寺	雨量站	雨量	汛期
6	魏桥	雨量站	雨量	汛期
7	崔桥	雨量站	雨量	汛期
8	白潭	雨量站	雨量	汛期
9	东五干渠	流量站	水位、流量	全年
10	马村干渠	流量站	水位、流量	全年
11	古城干渠	流量站	水位、流量	全年

3.6.2　周口水文站

（1）测站简介。

周口水文站位于沙颍河右岸周口市川汇区,1935年8月由导淮委员会设立,现由河南省周口水文水资源勘测局管理。测站是淮河一级支流沙颍河上的控制站,流域面积25 800 km^2,属国家级重要水文站。流域多年平均降雨量788 mm,多年平均径流量32.14亿 m^3。

周口水文站观测项目有水位、流量、含沙量、降水量、蒸发量、水温、冰情、水质、水文调查。现有周口(颍河闸上)基本水尺断面、周口(贾鲁河闸上)基本水尺断面、周口(二)基本水尺兼流速仪测流断面;主要测验设施有水文缆道1处、桥测车1辆;主要测验方式为低水时采用涉水施测,中水时采用水文缆道,高水时采用水文缆道或上游250 m八一路大桥桥测或浮标或ADCP。

（2）水位—流量关系曲线及大断面图。

周口水文站水位—流量关系曲线及大断面图见图3.6.3。

（3）水文站平面布设图。

周口水文站平面布设图见图3.6.4。

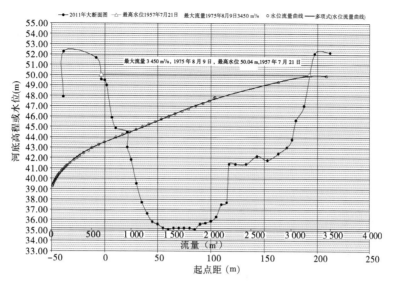

图 3.6.3　周口水文站水位—流量关系曲线及大断面图

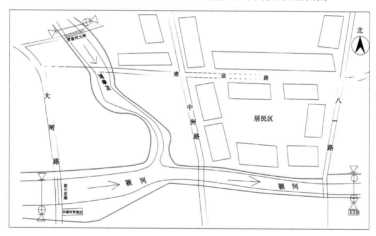

图 3.6.4　周口水文站平面布设图

（4）测流方案。

测流方案见表 3.6.3。

表 3.6.3　测流方案

水情级别	高水	中水	低水	枯水
水位级（m）	≥43.00	40.46～43.00	40.30～40.46	＜40.30
测流方法	水文缆道或桥测	水文缆道	涉水	小浮标

（5）属站管理。

各属站信息见表 3.6.4。

表 3.6.4 属站信息一览

序号	站名	站类	测验要素	属性
1	石坡	雨量站	雨量	汛期
2	皮营	雨量站	雨量	汛期
3	靳庄	雨量站	雨量	汛期
4	颍河闸上	水位站	水位	全年
5	贾鲁河闸上	水位站	水位	全年
6	贾东干渠	流量站	水位、流量	全年
7	马门干渠	流量站	水位、流量	全年

3.6.3 黄桥水文站

(1)测站简介。

黄桥水文站位于颍河左岸西华县黄桥乡黄桥村,1952 年 6 月由治淮委员会设立,现由河南省周口水文水资源勘测局管理。测站是淮河一级支流沙颍河上的控制站,流域面积 6 807 km², 属国家级重要水文站。流域多年平均降雨量 764 mm,多年平均径流量 5.658 亿 m³。

黄桥水文站观测项目有水位、流量、降水量、冰情、墒情、水质、水文调查。现有黄桥(闸上)基本水尺断面兼流速仪测流断面、黄桥(闸下)基本水尺断面;主要测验设施有水文缆道 1 处、桥测车 1 辆;主要测验方式为低水时采用涉水施测,中水时采用水文缆道,高水时采用水文缆道或闸上 98 m 公路桥桥测或浮标。

(2)水位—流量关系曲线及大断面图。

黄桥水文站水位—流量关系曲线及大断面图见图 3.6.5。

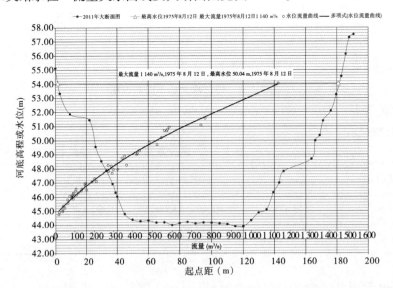

图 3.6.5 黄桥水文站水位—流量关系曲线及大断面图

(3)水文站平面布设图。

黄桥水文站平面布设图见图3.6.6。

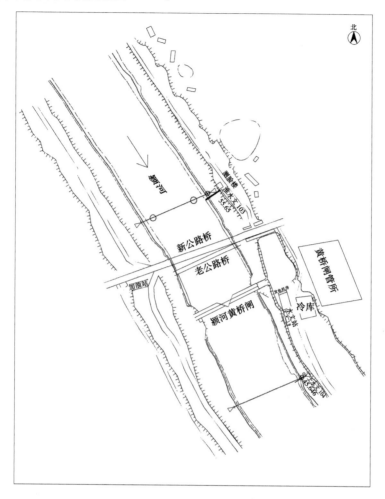

图 3.6.6　黄桥水文站平面布设图

（4）测流方案。

测流方案见表3.6.5。

表 3.6.5　测流方案

水情级别	高水	中水	低水	枯水
水位级（m）	≥48.97	47.50～48.97	45.45～47.50	＜45.45
测流方法	水文缆道或桥测	水文缆道	涉水	小浮标

（5）属站管理。

各属站信息见表3.6.6。

表3.6.6　属站信息一览

序号	站名	站类	测验要素	属性
1	钱桥	雨量站	雨量	汛期
2	东夏	雨量站	雨量	全年
3	奉母	雨量站	雨量	汛期
4	阎岗	雨量站	雨量	汛期
5	逍遥	雨量站	雨量	汛期
6	张庄	雨量站	雨量	汛期
7	张柏楼	流量站	水位、流量	全年
8	孙堤	流量站	水位、流量	全年
9	逍遥(东干渠)	流量站	水位、流量	全年

3.6.4　沈丘水文站

(1)测站简介。

沈丘水文站位于泉河左岸沈丘县城关镇李坟村,1951年4月由治淮委员会设立,现由河南省周口水文水资源勘测局管理。测站是淮河二级支流泉河上的控制站,流域面积3 094 km²,属省级重要水文站。流域多年平均降雨量900 mm,多年平均径流量5.398亿m³。

沈丘水文站观测项目有水位、流量、降水量、蒸发、冰情、墒情、气象、水质、水文调查。现有沈丘(闸上)基本水尺断面、沈丘(闸下)基本水尺兼流速仪测流断面、沈丘(南干渠)流速仪测流断面、沈丘(北干渠)流速仪测流断面;主要测验设施有水文缆道1处;主要测验方式为低水时采用涉水施测,中水时采用水文缆道,高水时采用水文缆道或浮标。

(2)水位—流量关系曲线及大断面图。

沈丘水文站水位—流量关系曲线及大断面图见图3.6.7。

(3)水文站平面布设图。

沈丘水文站平面布设图见图3.6.8。

(4)测流方案。

测流方案见表3.6.7。

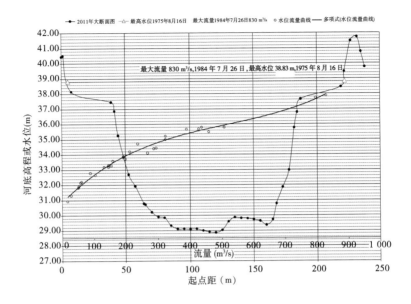

图 3.6.7 沈丘水文站水位—流量关系曲线及大断面图

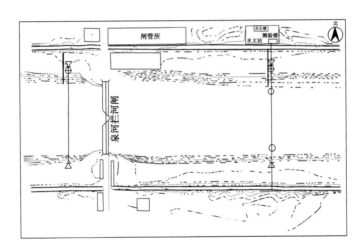

图 3.6.8 沈丘水文站平面布设图

表 3.6.7 测流方案

水情级别	高水	中水	低水	枯水
水位级(m)	≥33.03	32.60~33.03	30.70~32.60	<30.70
测流方法	水文缆道或浮标	水文缆道	涉水	小浮标

(5)属站管理。

各属站信息见表3.6.8。

表3.6.8　属站信息一览

序号	站名	站类	测验要素	属性
1	木庄	雨量站	雨量	汛期
2	赵德营	雨量站	雨量	全年
3	南干渠	流量站	水位、流量	全年
4	北干渠	流量站	水位、流量	全年
5	赵庄	流量站	水位、流量	全年
6	苏童楼	流量站	水位、流量	全年
7	位庄	流量站	水位、流量	全年

3.6.5　周庄水文站

（1）测站简介。

周庄水文站位于汾河左岸商水县袁老乡周庄村,1953年7月由治淮委员会设立,现由河南省周口水文水资源勘测局管理。测站是淮河二级支流泉河上的控制站,流域面积1 320 km²,属省级重要水文站。流域多年平均降雨量786 mm,多年平均径流量1.243亿m³。

周庄水文站观测项目有水位、流量、降水量、冰情、墒情、水文调查。现有周庄（闸上）基本水尺断面、周庄（闸下）基本水尺兼流速仪测流断面;主要测验设施有:1处水文缆道、桥测车1辆;主要测验方式为低水时采用涉水施测,中水时采用水文缆道,高水时采用水文缆道或在基本水尺断面上游200 m公路桥桥测。

（2）水位—流量关系曲线及大断面图。

周庄水文站水位—流量关系曲线及大断面图见图3.6.9。

（3）水文站平面布设图。

周庄水文站平面布设图见图3.6.10。

（4）测流方案。

测流方案见表3.6.9。

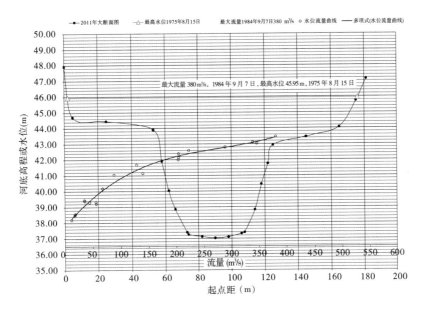

图 3.6.9　周庄水文站水位—流量关系曲线及大断面图

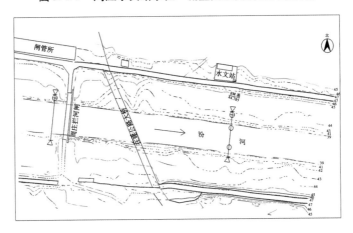

图 3.6.10　周庄水文站平面布设图

表 3.6.9　测流方案

水情级别	高水	中水	低水	枯水
水位级（m）	≥39.40	38.00~39.40	37.60~38.00	<37.60
测流方法	水文缆道或桥测	水文缆道	涉水	小浮标

（5）属站管理。

各属站信息见表 3.6.10。

表 3.6.10　属站信息一览

序号	站名	站类	测验要素	属性
1	尚集	雨量站	雨量	汛期
2	张庄	雨量站	雨量	汛期
3	王爷庙	雨量站	雨量	全年
4	白寺	雨量站	雨量	全年
5	王营	雨量站	雨量	汛期
6	巴村	雨量站	雨量	汛期
7	练集	雨量站	雨量	汛期
8	贺庄	雨量站	雨量	汛期
9	坡杨	雨量站	雨量	汛期
10	双桥	流量站	水位、流量	全年
11	赵桥	流量站	水位、流量	全年

3.6.6　周堂桥水文站

（1）测站简介。

周堂桥水文站位于黑河右岸郸城县城郊乡周堂桥村，1958 年 5 月由河南省水利局设立，现由河南省周口水文水资源勘测局管理。测站是淮河一级支流黑茨河上的控制站，流域面积 787 km^2，属省级重要水文站。流域多年平均降雨量 764 mm，多年平均径流量 0.619 9 亿 m^3。

周堂桥水文站观测项目有水位、流量、降水量、冰情、水文调查。现有周堂桥基本水尺断面兼流速仪测流断面；主要测验设施有桥测车 1 辆；主要测验方式为公路桥桥测、ADCP。

（2）水位—流量关系曲线及大断面图。

周堂桥水文站水位—流量关系曲线及大断面图见图 3.6.11。

（3）水文站平面布设图。

周堂桥水文站平面布设图见图 3.6.12。

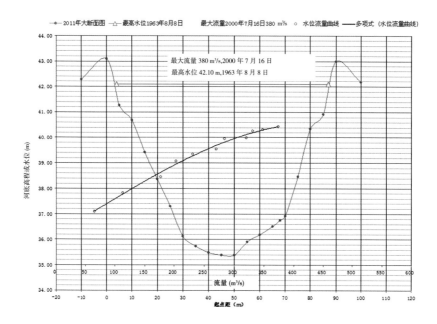

图3.6.11 周堂桥水文站水位—流量关系曲线及大断面图

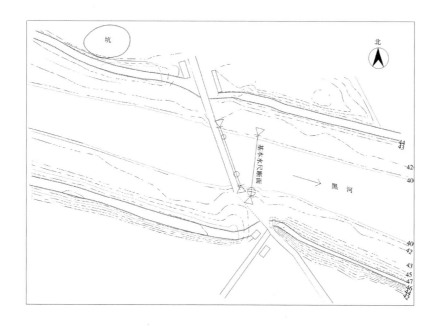

图3.6.12 周堂桥水文站平面布设图

（4）测流方案。

测流方案见表3.6.11。

表 3.6.11　测流方案

水情级别	高水	中水	低水	枯水
水位级(m)	≥37.90	37.18～37.90	36.88～37.18	<36.88
测流方法	桥测或 ADCP	桥测或 ADCP	桥测或 ADCP	小浮标

（5）属站管理。

各属站信息见表 3.6.12。

表 3.6.12　属站信息一览

序号	站名	站类	测验要素	属性
1	刘坊店	雨量站	雨量	汛期
2	李楼	雨量站	雨量	全年
3	罗头张庄	雨量站	雨量	汛期
4	秋渠	雨量站	雨量	汛期
5	丁桥口	雨量站	雨量	汛期
6	张完集	雨量站	雨量	全年
7	郸城	雨量站	雨量	全年

3.6.7　槐店水文站

（1）测站简介。

槐店水文站位于沙颍河右岸沈丘县槐店镇,1971 年 7 月由河南省水文总站设立,现属河南省周口水文水资源勘测局。测站是淮河一级支流沙颍河上的控制站,流域面积 28 096 km^2,属国家级重要水文站。流域多年平均降雨量 822 mm,多年平均径流量 28.29 亿 m^3。

槐店水文站观测项目有水位、流量、降水量、冰情、墒情、水质、水文调查。现有槐店（老闸）基本水尺断面、槐店（新闸）基本水尺断面、槐店（闸下）基本水尺断面兼流速仪测流断面、槐店（南干渠渠）流速仪测流断面、槐店（北干渠）流速仪测流断面;主要测验设施有水文缆道 1 座、桥测车 1 辆;主要测验方式为低水时采用涉水施测,中水时采用水文缆道成 APCP,高水时采用水文缆道或在基本水尺断面下游 120 m 公路桥桥测或 ADCP。

（2）水位—流量关系曲线及大断面图。

槐店水文站水位—流量关系曲线及大断面图见图 3.6.13。

（3）水文站平面布设图。

槐店水文站平面布设图见图 3.6.14。

（4）测流方案。

测流方案见表 3.6.13。

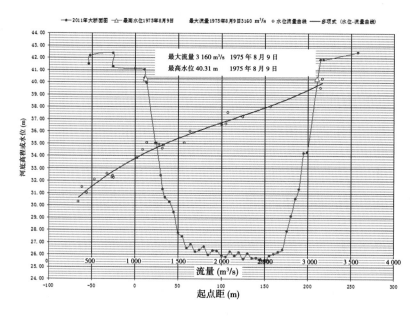

图3.6.13 槐店水文站水位—流量关系曲线及大断面图

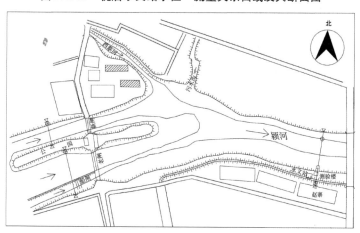

图3.6.14 槐店水文站平面布设图

表3.6.13 测流方案

水情级别	高水	中水	低水	枯水
水位级(m)	≥31.00	28.84～31.00	28.50～28.84	<28.50
测流方法	水文缆道或ADCP	水文缆道或ADCP	涉水	小浮标

（5）属站管理。

各属站信息见表3.6.14。

表 3.6.14　属站信息一览

序号	站名	站类	测验要素	属性
1	鲁台	雨量站	雨量	全年
2	王寨	雨量站	雨量	汛期
3	新安集	雨量站	雨量	汛期
4	南干渠	流量站	水位、流量	全年
5	北干渠	流量站	水位、流量	全年
6	谷河	流量站	水位、流量	全年

3.6.8　钱店水文站

（1）测站简介。

钱店水文站位于新蔡河右岸郸城县钱店镇钱店村,1966 年 6 月由河南省水文总站设立,现由河南省周口水文水资源勘测局管理。测站是淮河三级支流新蔡河上的控制站,流域面积 471 km²,属省级重要水文站。流域多年平均降雨量 778 mm,多年平均径流量 0.331 0亿 m³。

钱店水文站观测项目有水位、流量、降水量、冰情、墒情、水质、水文调查。现有钱店基本水尺断面兼流速仪测流断面;主要测验设施有桥测车 1 辆;主要测验方式为:公路桥桥测、ADCP。

（2）大断面图。

钱店水文站大断面图见图 3.6.15。

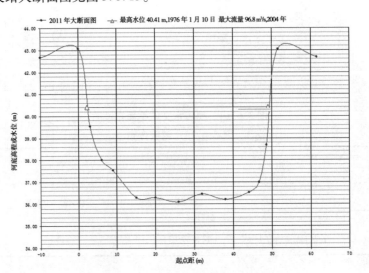

图 3.6.15　钱店水文站大断面图

（3）水文站平面布设图。

钱店水文站平面布设图见图 3.6.16。

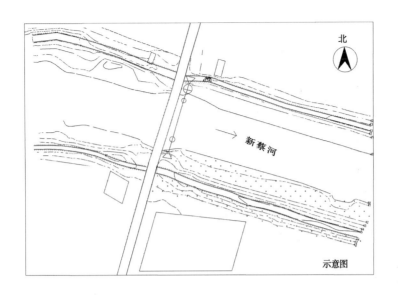

图 3.6.16　钱店水文站平面布设图

(4)测流方案。

测流方案见表 3.6.15。

表 3.6.15　测流方案

水情级别	高水	中水	低水	枯水
水位级(m)	≥37.80	36.70~37.80	36.38~36.70	<36.38
测流方法	桥测或 ADCP	桥测或 ADCP	涉水	小浮标

(5)属站管理。

各属站信息见表 3.6.16。

表 3.6.16　属站信息一览

序号	站名	站类	测验要素	属性
1	淮阳	雨量站	雨量	全年
2	买臣集	雨量站	雨量	全年
3	将军寺	雨量站	雨量	全年

3.6.9　玄武水文站

(1)测站简介。

玄武水文站位于涡河右岸鹿邑县玄武镇操庄村,1958 年 5 月由河南省水利厅设立,现由河南省周口水文水资源勘测局管理。测站是淮河一级支流涡河上的控制站,流域面积 4 020 km²,属省级重要水文站。流域多年平均降雨量 745 mm,多年平均径流量 1.679 亿 m³。

玄武水文站观测项目有水位、流量、含沙量、降水量、水温、冰情、墒情、水质、水文调查。现有玄武基本水尺断面兼流速仪测流断面、时口(白沟河分水渠)流速仪测流断面;

主要测验设施有水文缆道1座、桥测车1辆；主要测验方式为低水时采用涉水施测,中水时采用水文缆道,高水时采用水文缆道或在基本水尺断面下游110 m公路桥桥测或ADCP。

（2）水位—流量关系曲线及大断面图

玄武水文站水位—流量关系曲线及大断面图见图3.6.17。

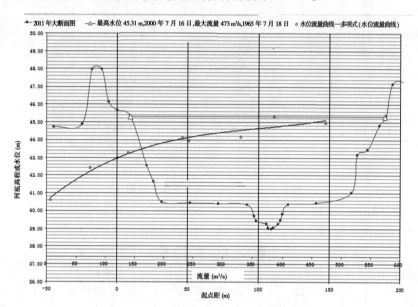

图3.6.17　玄武水文站水位—流量关系曲线及大断面图

（3）水文站平面布设图。

玄武水文站平面布设图见图3.6.18。

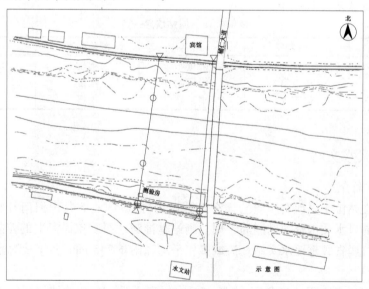

图3.6.18　玄武水文站平面布设图

(4)测流方案。

测流方案见表3.6.17。

表 3.6.17　测流方案

水情级别	高水	中水	低水	枯水
水位级(m)	≥42.10	40.30~42.10	40.00~40.30	<40.00
测流方法	水文缆道或 ADCP	水文缆道或桥测	涉水	小浮标

(5)属站管理。

各属站信息见表3.6.18。

表 3.6.18　属站信息一览

序号	站名	站类	测验要素	属性
1	李彩集	雨量站	雨量	汛期
2	槐寺集	雨量站	雨量	汛期
3	铁佛寺	雨量站	雨量	汛期
4	周寨	雨量站	雨量	汛期
5	鹿邑	雨量站	雨量	全年
6	大陈	雨量站	雨量	全年
7	魏湾	雨量站	雨量	全年
8	时口	流量站	水位、流量	全年
9	双堂渠	流量站	水位、流量	全年
10	雁城河	流量站	水位、流量	全年
11	玄武(闸上)	水位站	水位	全年

3.6.10　石桥口水文站

(1)测站简介。

石桥口水文站位于泥河左岸项城市贾岭镇石桥口闸,1951年4月由治淮委员会设立,现由河南省周口水文水资源勘测局管理。测站是淮河二级支流泉河上的控制站,流域面积775 km²,属省级重要水文站。流域多年平均降雨量859 mm。

石桥口水文站观测项目有水位、降水量、冰情、墒情、水质、水文调查。现有石桥口（闸上）基本水尺断面、石桥口（闸下）基本水尺断面。

（2）大断面图。

石桥口水文站大断面图见图3.6.19。

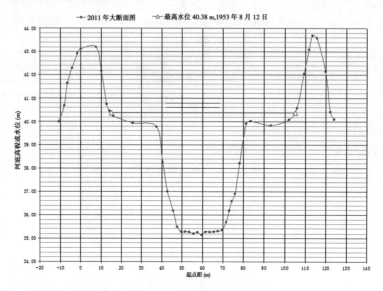

图3.6.19　石桥口水文站大断面图

（3）水文站平面布设图。

石桥口水文站平面布设图见图3.6.20。

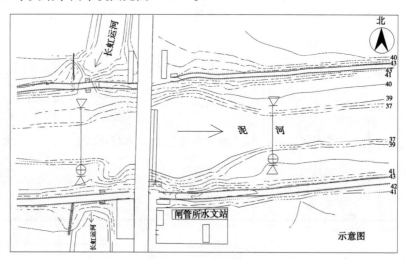

图3.6.20　石桥口水文站平面布设图

（4）属站管理。

各属站信息见表3.6.19。

表 3.6.19   属站信息一览

序号	站名	站类	测验要素	属性
1	水寨	雨量站	雨量	全年
2	黄营	雨量站	雨量	全年
3	官会	雨量站	雨量	汛期
4	李寨	雨量站	雨量	汛期
5	小郑营	雨量站	雨量	汛期
6	项城	雨量站	雨量	全年
7	申营	雨量站	雨量	汛期

3.7   郑州辖区水文站

3.7.1   常庄水文站

(1)测站简介。

常庄水文站位于贾峪河右岸郑州市须水乡常庄水库,1980 年 7 月由河南省水文总站设立,现由河南省郑州水文水资源勘测局管理。测站是淮河三级支流贾峪河上常庄水库的出库控制站,流域面积 82 km²,属省级重要水文站。流域多年平均降雨量 646 mm。

常庄水文站观测项目有水位、降水、流量、蒸发、水文调查、冰情、墒情。现有常庄水库(坝上)基本水尺断面,常庄水库(泄洪道)基本水尺断面、流速仪测流断面,常庄水库(溢洪道)基本水尺断面、流速仪测流断面;主要测验设施有缆道 2 座,压力式水位计 1 处。

(2)水位—库容关系曲线及水位—泄量曲线图。

常庄水库水位—库容关系曲线及水位—泄量曲线图见图 3.7.1。

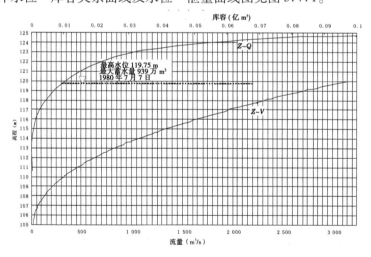

注:常庄水库 2009 年以前是水位站,不测流,2009 年 12 月 2 日实测最大流量 2.55 m³/s,

2010 年至今不放水

图 3.7.1   常庄水库水位—库容关系曲线及水位—泄量曲线

（3）水文站平面布设图。

常庄水文站平面布设图见图3.7.2。

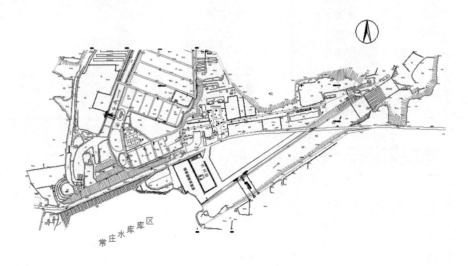

常庄水库库区

图 3.7.2　常庄水文站平面布设图

（4）测流方案。

测流方案见表3.7.1。

表 3.7.1　测流方案

泄水建筑物	溢洪道	非常溢洪道	泄洪洞	电站	输水洞
测流方式	缆道	调查	缆道		

（5）属站管理。

各属站信息见表3.7.2。

表 3.7.2　属站信息一览

序号	站名	站类	测验要素	属性
1	老邢	雨量站	雨量	全年
2	王宗店	雨量站	雨量	全年
3	荥阳	雨量站	雨量	全年
4	王村	雨量站	雨量	全年
5	站街	雨量站	雨量	全年
6	回郭镇	雨量站	雨量	全年
7	常庄	雨量站	雨量	全年

3.7.2　告成水文站

（1）测站简介。

告成水文站位于颍河左岸登封市告成镇告成村,1954年7月由治淮委员会设立,现由河南省郑州水文水资源勘测局管理。测站是淮河二级支流颍河上的控制站,流域面积627

km^2,属省级重要水文站。流域多年平均降雨量660 mm,多年平均径流量0.877 56亿m^3。

告成水文站观测项目有水位、降水、流量、单样含沙量、水质、水文调查、比降、冰情、墒情。现有基本水尺断面、比降水尺断面、流速仪测流断面;主要测验设施有缆道1座、桥测车1辆、自记井1座;主要测验方式为低水时采用涉水,中水时采用缆道,高水时采用浮标。

(2)水位—流量关系曲线及大断面图。

告成水文站水位—流量关系曲线及大断面图见图3.7.3。

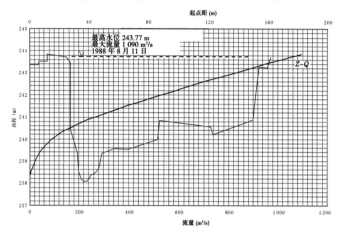

图3.7.3　告成水文站水位—流量关系曲线及大断面图

(3)水文站平面布设图。

告成水文站平面布设图见图3.7.4。

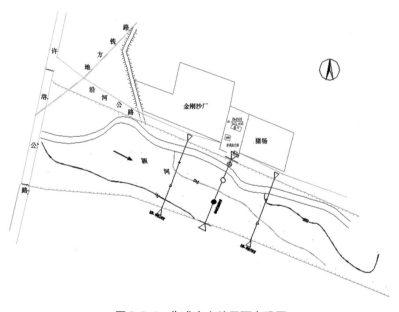

图3.7.4　告成水文站平面布设图

(4)测流方案。

测流方案见表3.7.3。

表 3.7.3　测流方案

水情级别	高水	中水	低水	枯水
水位级(m)	>242.00	240.00~242.00	239.00~240.00	<239.00
测流方法	浮标	缆道	涉水	小浮标

(5)属站管理。

各属站信息见表 3.7.4。

表 3.7.4　属站信息一览

序号	站名	站类	测验要素	属性
1	钱岭	雨量站	雨量	全年
2	石道	雨量站	雨量	全年
3	大金店	雨量站	雨量	全年
4	西沟	雨量站	雨量	全年
5	西白坪	雨量站	雨量	全年
6	登封	雨量站	雨量	全年
7	芦店	雨量站	雨量	全年
8	大冶	雨量站	雨量	全年
9	告成	雨量站	雨量	全年

3.7.3　尖岗水文站

(1)测站简介。

尖岗水文站位于贾鲁河右岸郑州市侯寨乡尖岗水库,1970 年 7 月由河南省水文总站设立,现由河南省郑州水文水资源勘测局管理。测站是淮河二级支流贾鲁河上游尖岗水库的出库控制站,流域面积 113 km²,属省级重要水文站。流域多年平均降雨量 676 mm,多年平均径流量 0.163 9 亿 m³。

尖岗水文站观测项目有水位、降水、流量、水质、水文调查、冰情、墒情。现有尖岗水库(坝上)基本水尺断面,尖岗水库(泄洪道)基本水尺断面、流速仪测流断面;主要测验设施有缆道 1 座,浮子式水位计 1 处。

(2)水位—库容关系曲线及水位—泄量曲线图。

尖岗水库水位—库容关系曲线及水位—泄量曲线图见图 3.7.5。

(3)水文站平面布设图。

尖岗水文站平面布设图见图 3.7.6。

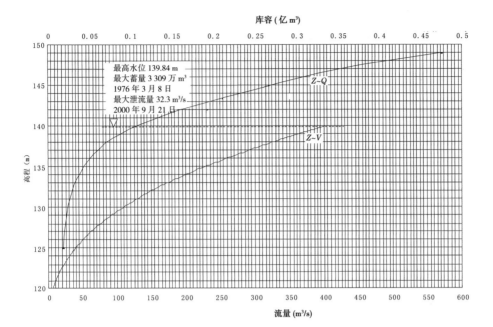

图3.7.5　尖岗水库水位—库容关系曲线及水位—泄量曲线图

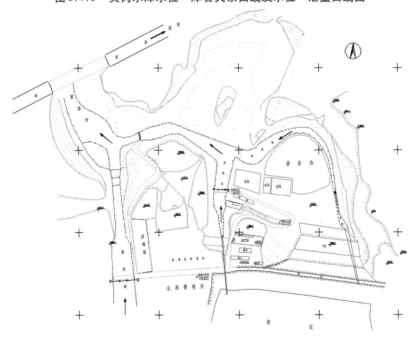

图3.7.6　尖岗水文站平面布设图

（4）测流方案。

测流方案见表3.7.5。

表 3.7.5　测流方案

泄水建筑物	溢洪道	非常溢洪道	泄洪洞	电站	输水洞
测流方式	桥测	调查	缆道		杆测

(5)属站管理。

各属站信息见表 3.7.6。

表 3.7.6　属站信息一览

序号	站名	站类	测验要素	属性
1	小王庄	雨量站	雨量	全年
2	高庙	雨量站	雨量	全年
3	白寨	雨量站	雨量	全年
4	牛王庙嘴	雨量站	雨量	全年
5	三李	雨量站	雨量	汛期
6	尖岗	雨量站	雨量	全年

3.7.4　新郑水文站

(1)测站简介。

新郑水文站位于双洎河右岸新郑市城关镇周庄村,1950 年 7 月由河南省水利厅设立,现由河南省郑州水文水资源勘测局管理,为淮河三级支流双洎河上的控制站,流域面积 1 079 km²,属省级重要水文站。流域多年平均降雨量 665 mm,多年平均径流量1.042 69亿 m³。

新郑(二)水文站观测项目有水位、降水、流量、蒸发、水文调查、冰情、墒情。现有基本水尺断面、流速仪测流断面;主要测验设施有缆道 1 座、ADCP 1 台、雷达水位计 1 处;主要测验方式为枯水时采用涉水,中、低水时采用缆道,高水时采用中弘浮标。

(2)水位—流量关系曲线及大断面图。

新郑(二)水文站水位—流量关系曲线及大断面图见图 3.7.7。

(3)水文站平面布设图。

新郑(二)水文站平面布设图见图 3.7.8。

(4)测流方案。

测流方案见表 3.7.7。

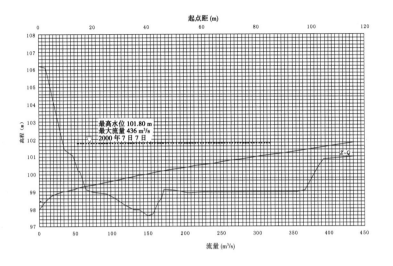

图 3.7.7　新郑(二)水文站水位—流量关系曲线及大断面图

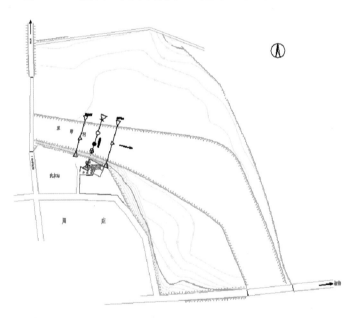

图 3.7.8　新郑(二)水文站平面布设图

表 3.7.7　测流方案

水情级别	高水	中水	低水	枯水
水位级(m)	>101.00	99.60～101.00	98.50～99.60	<98.50
测流方法	中弘浮标	缆道	缆道	涉水

(5)属站管理。

各属站信息见表3.7.8。

表 3.7.8   属站信息一览

序号	站名	站类	测验要素	属性
1	李湾	雨量站	雨量	全年
2	大潭嘴	雨量站	雨量	全年
3	老观寨	雨量站	雨量	全年
4	人和	雨量站	雨量	全年
5	密县	雨量站	雨量	全年
6	尖山	雨量站	雨量	全年
7	岳村	雨量站	雨量	全年
8	曲梁	雨量站	雨量	全年
9	饮虎泉	雨量站	雨量	全年
10	薛店	雨量站	雨量	全年
11	王村	雨量站	雨量	全年
12	新郑	雨量站	雨量	全年

3.7.5   中牟水文站

(1)测站简介。

中牟水文站位于贾鲁河左岸中牟县官渡镇邢庄,1959 年 6 月由河南省水利厅设立,现由河南省郑州水文水资源勘测局管理。测站是淮河二级支流贾鲁河上的控制站,流域面积 2 106 km^2,属省级重要水文站。流域多年平均降雨量 602 mm,多年平均径流量 1.662 51亿 m^3。

中牟水文站观测项目有水位、降水、流量、单沙、输沙率、蒸发、水质、水文调查、水温、冰情、墒情。现有基本水尺断面、流速仪测流断面;主要测验设施有缆道 1 座、压力式水位计 1 处;主要测验方式为高、中、低水时采用缆道。

(2)水位—流量关系曲线及大断面图。

中牟水文站水位—流量关系曲线及大断面图见图 3.7.9。

(3)水文站平面布设图。

中牟水文站平面布设图见图 3.7.10。

(4)测流方案。

测流方案见表 3.7.9。

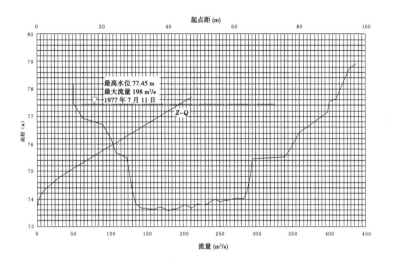

图 3.7.9　中牟水文站水位—流量关系曲线及大断面图

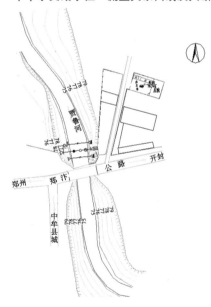

图 3.7.10　中牟水文站平面布设图

表 3.7.9　测流方案

水情级别	高水	中水	低水	枯水
水位级（m）	>75.60	75.15~75.60	74.65~75.15	<74.65
测流方法	缆道	缆道	缆道	缆道

（5）属站管理。

各属站信息见表 3.7.10。

表 3.7.10　属站信息一览

序号	站名	站类	测验要素	属性
1	八岗	雨量站	雨量	全年
2	司赵	雨量站	雨量	全年
3	大吴	雨量站	雨量	全年
4	坡东里	雨量站	雨量	全年
5	中牟	雨量站	雨量	全年

3.8　商丘辖区水文站

3.8.1　黄口集闸水文站

（1）测站简介。

黄口集闸水文站位于浍河右岸永城市黄口乡黄口村,1952 年 7 月由河南省商丘专区治淮指挥部设立,现由河南省商丘水文水资源勘测局管理。测站是怀洪新河一级支流浍河上的区域代表站,流域面积 1 201 km^2,属省级重要水文站。流域多年平均降雨量 795.0 mm,多年平均径流量 0.54 亿 m^3。

黄口集闸水文站观测项目有降水、水位、流量、蒸发、水质、水量调查、冰情。现有闸上水尺断面、闸下水尺兼流速仪测流断面;主要测验设施有缆道 1 座、自记井 2 座;主要测验方式为低水时采用涉水,高、中水时采用缆道。

（2）水位—流量关系曲线及大断面图。

黄口集闸水文站水位—流量关系曲线及大断面图见图 3.8.1。

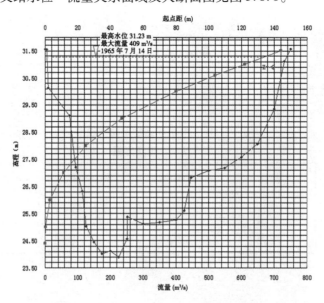

图 3.8.1　黄口集闸水文站水位—流量关系曲线及大断面图

（3）水文站平面布设图。

黄口集闸水文站平面布设图见图3.8.2。

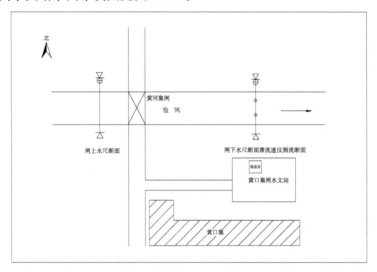

图 3.8.2　黄口集闸水文站平面布设图

（4）测流方案。

测流方案见表3.8.1。

表 3.8.1　测流方案

水情级别	高水	中水	低水	枯水
水位级（m）	≥27.35	25.50～27.35	24.80～25.50	<24.80
测流方法	缆道	缆道	涉水	涉水

（5）属站管理。

各属站信息见表3.8.2。

表 3.8.2　属站信息一览

序号	站名	站类	测验要素	属性
1	梅庙	雨量站	雨量	全年
2	浑河集	雨量站	雨量	全年
3	大王集	雨量站	雨量	全年
4	黄口集闸	雨量站	雨量	全年

3.8.2　李集水文站

（1）测站简介。

李集水文站位于毛河右岸夏邑县李集乡司庄村,1962 年 7 月由河南省水利厅设立,现由河南省商丘水文水资源勘测局管理,为新沱河一级支流毛河上的控制站,流域面积176 km²,省级重要水文站。流域多年平均降雨量747.3 mm,多年平均径流量0.253 4 亿 m³。

李集水文站观测项目有降水、水位、流量、含沙量、水量调查、墒情。现有基本水尺兼流速仪测流断面;主要测验设施有桥测车1辆;主要测验方式为低水时采用涉水,高、中水时采用桥测。

（2）水位—流量关系曲线及大断面图。

李集水文站水位—流量关系曲线及大断面图见图3.8.3。

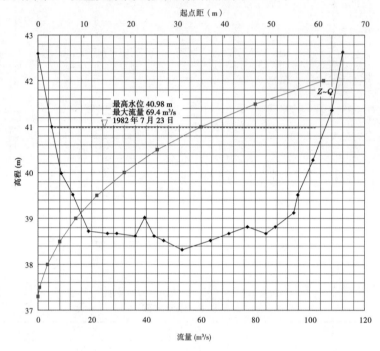

图3.8.3　李集水文站水位—流量关系曲线及大断面图

（3）水文站平面布设图。

李集水文站平面布设图见图3.8.4。

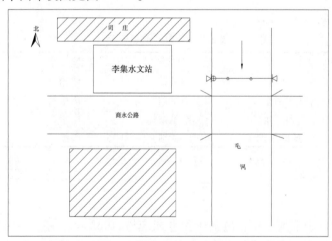

图3.8.4　李集水文站平面布设图

（4）测流方案。

测流方案见表 3.8.3。

表 3.8.3　测流方案

水情级别	高水	中水	低水	枯水
水位级(m)	≥38.34	38.03～38.34	37.95～38.03	<37.95
测流方法	桥测	桥测	涉水	涉水

(5)属站管理。

各属站信息见表 3.8.4。

表 3.8.4　属站信息一览

序号	站名	站类	测验要素	属性
1	夏邑	雨量站	雨量	全年
2	王集	雨量站	雨量	全年
3	骆集	雨量站	雨量	全年
4	郭店	雨量站	雨量	全年
5	辛集	雨量站	雨量	汛期

3.8.3　睢县水文站

(1)测站简介。

睢县水文站位于通惠渠左岸睢县城郊乡马头村,1975 年 6 月由商丘地区水利局设立,现由河南省商丘水文水资源勘测局管理。测站是惠济河一级支流通惠渠上的区域代表站,流域面积 495 km²,属省级重要水文站。流域多年平均降雨量 706.5 mm。

睢县水文站观测项目有降水、水位、流量、水量调查、墒情。现有基本水尺兼流速仪测流断面;主要测验设施有自记井 1 座,桥测车 1 辆;主要测验方式为低水时采用涉水,高、中水时采用桥测。

(2)水位—流量关系曲线及大断面图。

睢县水文站水位—流量关系曲线及大断面图见图 3.8.5。

(3)水文站平面布设图。

睢县水文站平面布设图见图 3.8.6。

(4)测流方案。

测流方案见表 3.8.5。

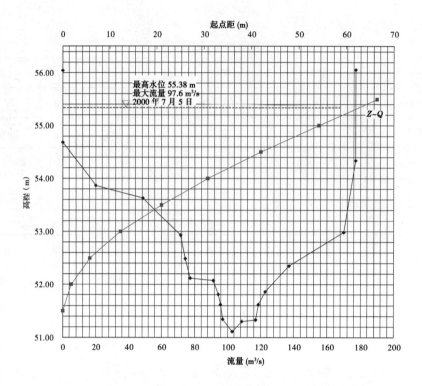

图 3.8.5　睢县水文站水位—流量关系曲线及大断面图

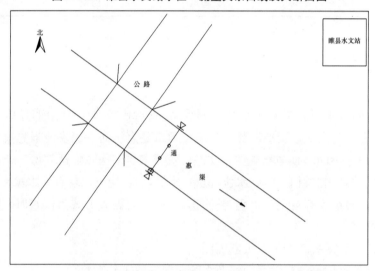

图 3.8.6　睢县水文站平面布设图

表 3.8.5　测流方案

水情级别	高水	中水	低水	枯水
水位级（m）	≥53.00	51.90～53.00	51.25～51.90	<51.25
测流方法	桥测	桥测	涉水	涉水

(5)属站管理。

各属站信息见表3.8.6。

表3.8.6 属站信息一览

序号	站名	站类	测验要素	属性
1	潮庄	雨量站	雨量	全年
2	余公集	雨量站	雨量	全年
3	睢县	雨量站	雨量	全年

3.8.4 孙庄水文站

(1)测站简介。

孙庄水文站位丁包河右岸商丘市梁园区周庄乡孙庄村,1985年6月由河南省水文水资源总站设立,现由河南省商丘水文水资源勘测局管理。测站是浍河一级支流包河上的控制站,流域面积84.3 km²,属省级重要水文站。流域多年平均降雨量740.7 mm,多年平均径流量0.453 7亿m³。

孙庄水文站观测项目有降水、水位、流量、蒸发、水量调查、墒情。现有基本水尺兼流速仪测流断面;主要测验设施有测桥1座、自记井1座;主要测验方式为低水时采用涉水,高、中水时采用桥测。

(2)水位—流量关系曲线及大断面图

孙庄水文站水位—流量关系曲线及大断面图见图3.8.7。

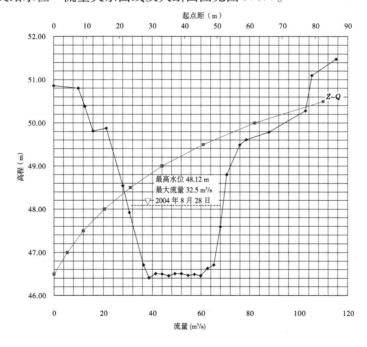

图3.8.7 孙庄水文站水位—流量关系曲线及大断面图

(3)测流方案。

测流方案见表3.8.7。

表3.8.7 测流方案

水情级别	高水	中水	低水	枯水
水位级(m)	≥47.80	47.40~47.80	46.70~47.40	<46.70
测流方法	桥测	桥测	涉水	涉水

(4)属站管理。

各属站信息见表3.8.8。

表3.8.8 属站信息一览表

序号	站名	站类	测验要素	属性
1	商丘	雨量站	雨量	全年
2	郑阁	雨量站	雨量	全年
3	宁陵	雨量站	雨量	全年
4	王事业楼	雨量站	雨量	全年
5	孔集	雨量站	雨量	全年
6	水池铺	雨量站	雨量	全年
7	李口	雨量站	雨量	全年
8	曹楼	雨量站	雨量	汛期
9	张阁	雨量站	雨量	汛期
10	虞城	雨量站	雨量	全年
11	贾寨	雨量站	雨量	全年
12	利民	雨量站	雨量	全年

3.8.5 永城闸水文站

(1)测站简介。

永城闸水文站位于沱河右岸永城市城关镇马岗村,1953年7月由治淮委员会设立,现由河南省商丘水文水资源勘测局管理,为新汴河一级支流沱河上的区域代表站,流域面积2 237 km²,省级重要水文站。流域多年平均降雨量796.3 mm,多年平均径流量3.079 6亿m³。

永城闸水文站观测项目有降水、水位、流量、水质、水温、水量调查、冰情、墒情。现有闸上水尺断面、闸下水尺兼流速仪测流断面;主要测验设施有缆道1座、自记井1座;主要测验方式为低水时采用涉水,高、中水时采用缆道。

(2)水位—流量关系曲线及大断面图。

永城闸水文站水位—流量关系曲线及大断面图见图3.8.8。

(3)水文站平面布设图。

永城闸水文站平面布设图见图3.8.9。

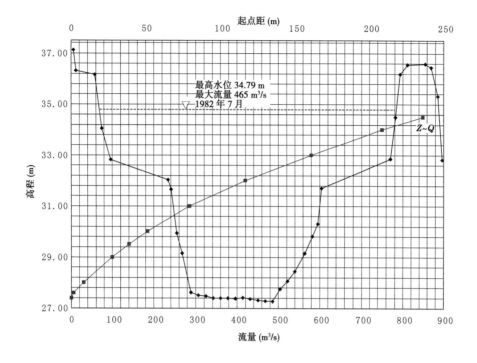

图 3.8.8　永城闸水文站水位—流量关系曲线及大断面图

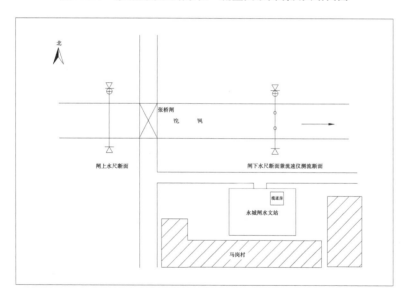

图 3.8.9　永城闸水文站平面布设图

（4）测流方案。

测流方案见表3.8.9。

表 3.8.9　测流方案

水情级别	高水	中水	低水	枯水
水位级(m)	≥29.50	28.20~29.50	27.80~28.20	<27.80
测流方法	缆道	缆道	涉水	涉水

(5)属站管理。

各属站信息见表 3.8.10。

表 3.8.10　属站信息一览

序号	站名	站类	测验要素	属性
1	温庄	雨量站	雨量	全年
2	蒋口	雨量站	雨量	全年
3	陈集	雨量站	雨量	全年
4	苗村	雨量站	雨量	汛期
5	永城闸	雨量站	雨量	全年

3.8.6　砖桥闸水文站

(1)测站简介。

砖桥闸水文站位于惠济河左岸柘城县陈青集乡砖桥村,1951 年 3 月由治淮委员会设立,现由河南省商丘水文水资源勘测局管理。测站是涡河一级支流惠济河上的控制站,流域面积 3 410 km^2,属省级重要水文站。流域多年平均降雨量 686.5 mm,多年平均径流量 0.24 亿 m^3。

砖桥闸水文站观测项目有降水、水位、流量、蒸发、水质、水量调查、冰情、墒情。现有闸上水尺断面、闸下水尺兼流速仪测流断面;主要测验设施有缆道 1 座、自记井 1 座;主要测验方式为低水时采用涉水,高、中水时采用缆道。

(2)水位—流量关系曲线及大断面图。

砖桥闸水文站水位—流量关系曲线及大断面图见图 3.8.10。

(3)水文站平面布设图。

砖桥闸水文站平面布设图见图 3.8.11。

(4)测流方案。

测流方案见表 3.8.11。

表 3.8.11　测流方案

水情级别	高水	中水	低水	枯水
水位级(m)	≥39.50	38.50~39.50	37.50~38.50	<37.50
测流方法	缆道	缆道	涉水	涉水

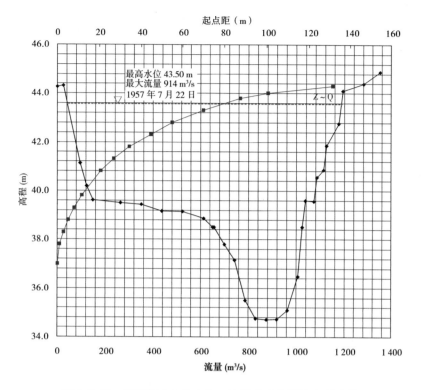

图 3.8.10　砖桥闸水文站水位—流量关系曲线及大断面图

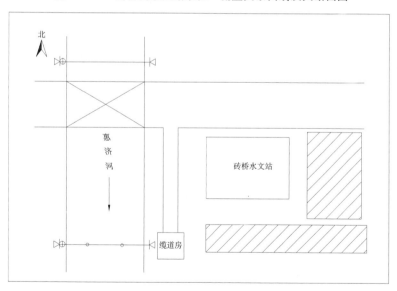

图 3.8.11　砖桥闸水文站平面布设图

（5）属站管理。

各属站信息见表 3.8.12。

表 3.8.12　属站信息一览

序号	站名	站类	测验要素	属性
1	柘城	雨量站	雨量	全年
2	大仵	雨量站	雨量	全年
3	李滩店	雨量站	雨量	全年
4	砖桥闸	雨量站	雨量	全年

3.9　南阳辖区水文站

3.9.1　荆紫关(二)水文站

(1)测站简介。

荆紫关(二)水文站位于河南省淅川县荆紫关镇汉王坪村,1953 年 6 月由河南省农林厅水利局设立,现由河南省南阳水文水资源勘测局管理。测站是汉江一级支流丹江上的控制站,流域面积 7 086 km²,属国家一级重要水文站。流域多年平均降雨量 788.3 mm,多年平均径流 14.64 亿 m³。

荆紫关(二)水文站观测项目有水位、流量、单沙、输沙率、比降、降水量、蒸发量、墒情。现有基本水尺断面、流速仪测流断面、比降水尺上断面、比降水尺下断面、荆紫关渠道基本水尺断面;主要测验设施有缆道 1 座、桥测车 1 辆、浮标测流 1 套、自记井 1 座等;主要测验方式为低水时采用涉水,中水时采用缆道、桥测,高水时采用浮标、比降面积法。

(2)水位—流量关系曲线及大断面图。

荆紫关(二)水文站水位—流量关系曲线及大断面图见图 3.9.1。

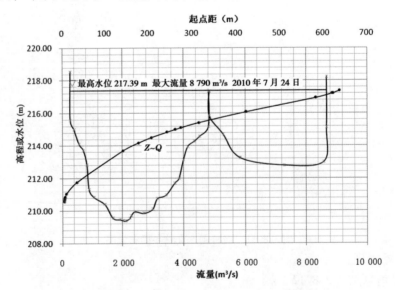

图 3.9.1　荆紫关(二)水文站水位—流量关系曲线及大断面图

(3)水文站平面布设图。

荆紫关(二)水文站平面布设图见图3.9.2。

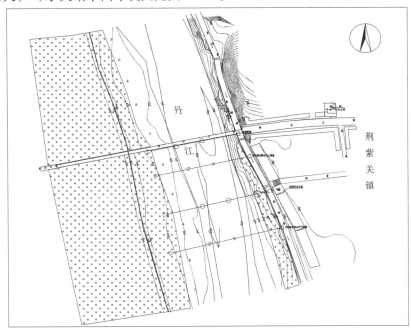

图 3.9.2　荆紫关(二)水文站平面布设图

(4)测流方案。

测流方案见表3.9.1。

表 3.9.1　测流方案

水情级别	高水	中水	低水	枯水
水位级(m)	≥212.00	211.00～212.00	210.30～211.00	<210.30
测流方法	浮标、比降面积法	缆道、桥测	涉水	涉水

(5)属站管理。

各属站信息见表3.9.2。

表 3.9.2　属站信息一览

序号	站名	站类	测验要素	属性
1	磨峪湾	雨量站	降水量	全年
2	西黄	雨量站	降水量	汛期
3	白沙岗	雨量站	降水量	汛期
4	城关	雨量站	降水量	汛期
5	安沟	雨量站	降水量	全年
6	淅川	雨量站	降水量	全年
7	黄庄	雨量站	降水量	全年
8	仓房	雨量站	降水量	全年

3.9.2 西坪水文站

(1)测站简介。

西坪水文站位于河南省西峡县西坪镇操场村,1951年4月由河南省农林厅水利局设立,现由河南省南阳水文水资源勘测局管理。测站是丹江一级支流淇河上的控制站,流域面积911 km²,属国家二级重要水文站。流域多年平均降雨量810.1 mm,多年平均径流量2.247亿 m³。

西坪水文站观测项目有水位、流量、降水量。现有基本水尺断面、流速仪测流断面;主要测验设施测流手推车1台、自记井1座;主要测验方式为低水时采用涉水,中高水时采用桥测、电波流速仪。

(2)水位—流量关系曲线及大断面图。

西坪水文站水位—流量关系曲线及大断面图见图3.9.3。

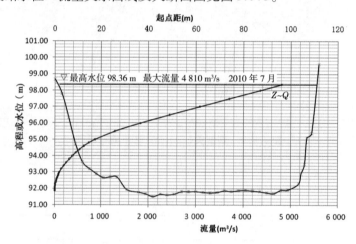

图 3.9.3 西坪水文站水位—流量关系曲线及大断面图

(3)水文站平面布设图。

西坪水文站平面布设图见图3.9.4。

(4)测流方案。

测流方案见表3.9.3。

表 3.9.3 测流方案

水情级别	高水	中水	低水	枯水
水位级(m)	>94.00	93.00~94.00	92.00~93.00	<92.00
测流方法	桥测、电波流速仪	桥测、电波流速仪	涉水	涉水

3.9.3 米坪水文站

(1)测站简介。

米坪水文站位于河南省西峡县米坪镇金钟寺村,1956年5月由河南省农林厅水利局设立,现由河南省南阳水文水资源勘测局管理,为丹江一级支流老灌河上的控制站,流域

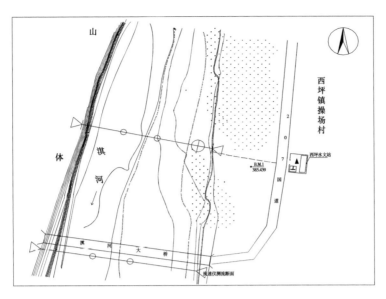

图 3.9.4 西坪水文站平面布设图

面积 1 404 km², 属国家二级重要水文站。流域多年平均降雨量 805.5 mm, 多年平均径流 3.312 亿 m³。

米坪水文站观测项目有水位、流量、比降、降水量。现有基本水尺断面、比降水尺上断面 (兼浮标上断面)、比降水尺下断面 (兼浮标下断面)、米坪渠道基本水尺断面; 主要测验设施有缆道 1 座、浮标测流 1 套、自记井 1 座等; 主要测验方式为低水时采用涉水, 中水时采用缆道, 高水时采用浮标、比降面积法。

（2）水位—流量关系曲线及大断面图。

米坪水文站水位—流量关系曲线及大断面图见图 3.9.5。

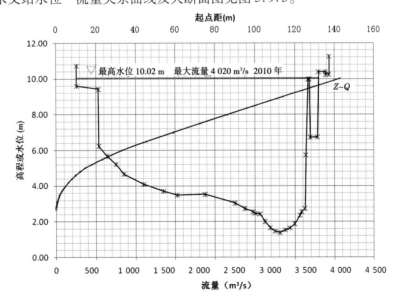

图 3.9.5 米坪水文站水位—流量关系曲线及大断面图

（3）水文站平面布设图。

米坪水文站平面布设图见图3.9.6。

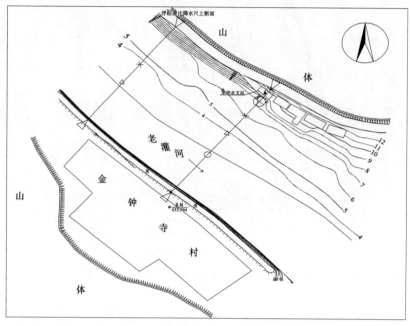

图3.9.6 米坪水文站平面布设图

（4）测流方案。

测流方案见表3.9.4。

表3.9.4 测流方案

水情级别	高水	中水	低水	枯水
水位级（m）	>4.00	3.20~4.00	2.80~3.20	<2.80
测流方法	浮标、比降面积法	缆道	涉水	缆道、涉水

（5）属站管理。

各属站信息见表3.9.5。

表3.9.5 属站信息一览

序号	站名	站类	测验要素	属性
1	香山	雨量站	降水量	汛期
2	三川	雨量站	降水量	汛期
3	叫河	雨量站	降水量	全年
4	朱阳关	雨量站	降水量	全年
5	桑坪	雨量站	降水量	全年
6	黑烟镇	雨量站	降水量	全年
7	新庄	雨量站	降水量	全年
8	黄坪	雨量站	降水量	汛期

3.9.4 西峡水文站

(1)测站简介。

西峡水文站位于河南省西峡县五里桥乡稻田沟村,1951年3月由河南省农林厅水利局设立,现由河南省南阳水文水资源勘测局管理。测站是丹江一级支流老灌河上的控制站,流域面积3 418 km²,属国家一级重要水文站。流域多年平均降雨量845.0 mm,多年平均径流量8.426亿m³。

西峡水文站观测项目有水位、流量、单沙、比降、降水量、蒸发量、水温、墒情。现有基本水尺断面、比降水尺上断面、比降水尺下断面、浮标上断面、浮标下断面;主要测验设施有缆道1座、桥测车1辆、浮标测流1套、自记井2座等;主要测验方式为低水时采用缆道、涉水,中高时采用缆道、桥测,高水时采用浮标、比降面积法。

(2)水位—流量关系曲线及大断面图。

西峡水文站水位—流量关系曲线及大断面图见图3.9.7。

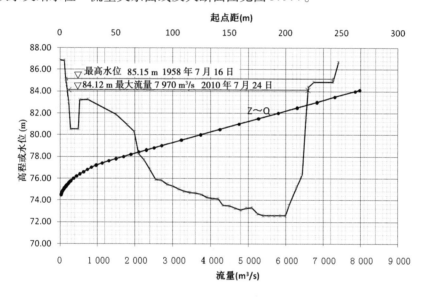

图3.9.7 西峡水文站水位—流量关系曲线及大断面图

(3)水文站平面布设图。

西峡水文站平面布设图见图3.9.8。

(4)测流方案。

测流方案见表3.9.6。

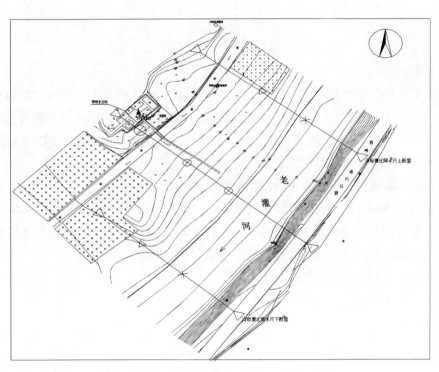

图 3.9.8 西峡水文站平面布设图

表 3.9.6 测流方案

水情级别	高水	中水	低水	枯水
水位级（m）	>76.70	75.00～76.70	74.00～75.00	<74.00
测流方法	缆道、浮标、比降面积法	缆道、桥测	缆道、涉水	缆道、涉水

（5）属站管理。

各属站信息见表 3.9.7。

表 3.9.7 属站信息一览

序号	站名	站类	测验要素	属性
1	黄石庵	雨量站	降水量	汛期
2	军马河	雨量站	降水量	汛期
3	太平镇	雨量站	降水量	全年
4	二郎坪	雨量站	降水量	全年
5	蛇尾	雨量站	降水量	全年
6	重阳	雨量站	降水量	全年

序号	站名	站类	测验要素	属性
7	陈阳坪	雨量站	降水量	全年
8	丁河	雨量站	降水量	汛期
9	丹水	雨量站	降水量	全年
10	阳城	雨量站	降水量	汛期
11	狮子坪	雨量站	降水量	全年
12	里曼坪	雨量站	降水量	汛期
13	瓦窑沟	雨量站	降水量	全年
14	罗家庄	雨量站	降水量	汛期
15	方家庄	雨量站	降水量	全年

3.9.5 白土岗(二)水文站

(1)测站简介。

白土岗(二)水文站位于河南省南召县白土岗镇白河店,1953 年 5 月由河南省农林厅水利局设立,现由河南省南阳水文水资源勘测局管理。测站是汉江一级支流白河上的控制站,流域面积 1 134 km²,是鸭河口水库的入库站,属国家二级重要水文站。流域多年平均降雨量 827.5 mm,多年平均径流量 4.486 亿 m³。

白土岗(二)水文站观测项目有水位、流量、单沙、输沙率、降水量、墒情。现有基本水尺断面、流速仪测流断面、浮标上断面、浮标下断面;主要测验设施有缆道 1 座、桥测车 1 辆、浮标测流 1 套、自记井 1 座等;主要测验方式为低水时采用涉水,中高水时采用缆道、桥测,高水时采用浮标和 ADCP。

(2)水位—流量关系曲线及大断面图。

白土岗(二)水文站水位—流量关系曲线及大断面图见图 3.9.9。

(3)水文站平面布设图。

白土岗(二)水文站平面布设图见图 3.9.10。

(4)测流方案。

测流方案见表 3.9.8。

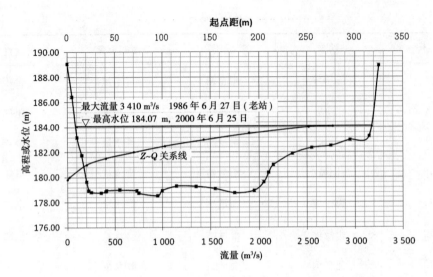

图 3.9.9　白土岗（二）水文站水位—流量关系曲线及大断面图

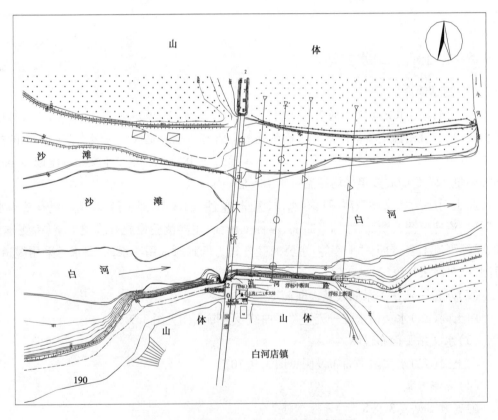

图 3.9.10　白土岗（二）水文站平面布设图

表 3.9.8　测流方案

水情级别	高水	中水	低水	枯水
水位级(m)	>180.50	179.50~180.50	179.00~179.50	<179.00
测流方法	缆道、桥测、ADCP、浮标	缆道、桥测	缆道、涉水	涉水

(5)属站管理。

各属站信息见表 3.9.9。

表 3.9.9　属站信息一览

序号	站名	站类	测验要素	属性
1	白河	雨量站	降水量	全年
2	竹园	雨量站	降水量	汛期
3	乔端	雨量站	降水量	全年
4	玉葬	雨量站	降水量	汛期
5	小街	雨量站	降水量	全年
6	钟店	雨量站	降水量	全年
7	余坪	雨量站	降水量	汛期
8	白土岗	雨量站	降水量	全年
9	花子岭	雨量站	降水量	汛期

3.9.6　鸭河口水库水文站

(1)测站简介。

鸭河口水库水文站位于河南省南召县皇路店镇东抬头村,1959 年 5 月由河南省农林厅水利局设立,现由河南省南阳水文水资源勘测局管理。测站是汉江一级支流白河上的水库站,水库控制流域面积 3 025 km^2,属国家一级重要水文站。流域多年平均降雨量827.5 mm,多年平均径流量9.906 亿 m^3。

鸭河口水库水文站观测项目有水位、流量、蒸发量、降水量、水温。现有鸭河口水库(坝上)基本水尺断面、鸭河口水库(东干渠)基本水尺断面、鸭河口水库(左岸尾水渠)基本水尺断面、鸭河口水库(右渠)基本水尺断面、鸭河口水库(溢洪道)流速仪测流断面。主要测验设施有缆道 1 座、桥测车 1 辆、自记井 2 座等。

（2）水位—库容曲线。

鸭河口水库水位—库容曲线图见图 3.9.11。

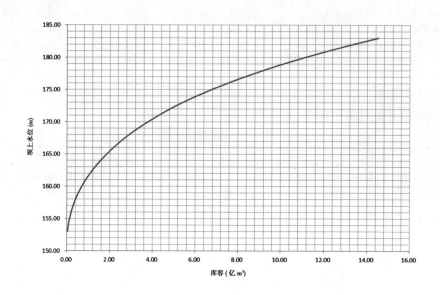

图 3.9.11　鸭河口水库水位—库容曲线

（3）水文站平面布设图。

鸭河口水库水文站平面布设图见图 3.9.12。

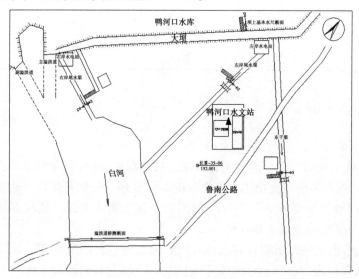

图 3.9.12　鸭河口水库水文站平面布设图

（4）测流方案。

测流方案见表 3.9.10。

表 3.9.10　测流方案

泄水建筑物	溢洪道	非常溢洪道	泄洪洞	电站	输水洞
测流方式	桥测、ADCP	桥测、ADCP		缆道、桥测	桥测、涉水

（5）属站管理。

各属站信息见表 3.9.11。

表 3.9.11　属站信息一览

序号	站名	站类	测验要素	属性
1	苗庄	雨量站	降水量	汛期
2	廖庄	雨量站	降水量	全年
3	四棵树	雨量站	降水量	汛期
4	南河店	雨量站	降水量	汛期
5	下店	雨量站	降水量	汛期
6	小庄	雨量站	降水量	汛期
7	石门	雨量站	降水量	全年
8	小周庄	雨量站	降水量	全年

3.9.7　南阳(四)水文站

（1）测站简介。

南阳(四)水文站位于河南省南阳市宛城区溧河乡丘庄,1931 年 4 月由河南省水利处设立,现由河南省南阳水文水资源勘测局管理。测站是汉江一级支流白河上的控制站,流域面积 4 050 km²,属国家一级重要水文站。流域多年平均降雨量 827.5 mm,多年平均径流量 6.90 亿 m³。

南阳(四)水文站观测项目有水位、流量、降水量、墒情。现有基本水尺断面;主要测验设施有缆道 1 座、桥测车 1 辆、自记井 1 座等;主要测验方式为低水时采用涉水,中水时采用缆道、桥测,高水时采用 ADCP。

（2）水位—流量关系曲线及大断面图。

南阳(四)水文站水位—流量关系曲线及大断面图见图 3.9.13。

（3）水文站平面布设图。

南阳(四)水文站平面布设图见图 3.9.14。

（4）测流方案。

测流方案见表 3.9.12。

（5）属站管理。

各属站信息见表 3.9.13。

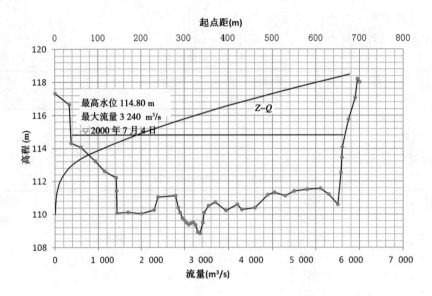

图 3.9.13 南阳(四)水文站水位—流量关系曲线及大断面图

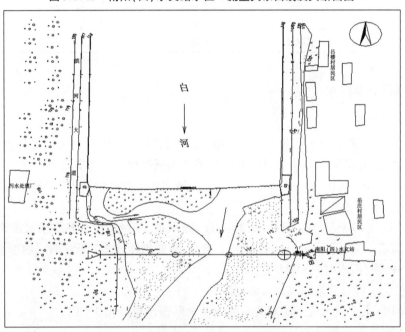

图 3.9.14 南阳(四)水文站平面布设图

表 3.9.12 测流方案

水情级别	高水	中水	低水	枯水
水位级(m)	>112.00	111.00~112.00	110.00~111.00	<110.00
测流方法	桥测、ADCP	缆道、桥测	桥测、涉水	涉水

表 3.9.13　属站信息一览

序号	站名	站类	测验要素	属性
1	龙王沟	雨量站	降水量	全年
2	瓦店	雨量站	降水量	全年
3	陡坡	雨量站	降水量	全年
4	大马石眼	雨量站	降水量	全年
5	赵庄	雨量站	降水量	全年
6	贾宋	雨量站	降水量	全年
7	白牛	雨量站	降水量	全年
8	常营	雨量站	降水量	汛期
9	下潘营	雨量站	降水量	汛期
10	青华	雨量站	降水量	全年
11	沙堰	雨量站	降水量	汛期
12	新野	雨量站	降水量	全年
13	武砦	雨量站	降水量	全年
14	大路张	雨量站	降水量	汛期
15	忽桥	雨量站	降水量	汛期
16	赵庄	水位站	水位、降水量	全年
17	白牛	巡测站	水位、流量、降水量	全年
18	青华	巡测站	水位、流量、降水量	汛期

3.9.8　李青店(二)水文站

(1)测站简介。

李青店(二)水文站位于河南省南召县城关镇北外村,1976 年 12 月由河南省水文总站设立,现由河南省南阳水文水资源勘测局管理。测站是白河一级支流黄鸭河上的控制站,流域面积 600 km²,也是白河干流上的鸭河口水库的入库主要站,属国家二级重要水文站。流域多年平均降雨量 916.6 mm,多年平均径流量 2.115 亿 m³。

李青店(二)水文站观测项目有水位、流量、降水量,现有基本水尺断面(兼比降水尺上断面)、比降水尺下断面、浮标上断面、浮标下断面。主要测验设施有缆道 1 座、桥测车 1 辆,浮标测流 1 套、自记井 1 座等;主要测验方式为低水时采用涉水,中高水时采用缆道、桥测,高水时采用浮标、比降。

(2)水位—流量关系曲线及大断面图。

李青店(二)水文站水位—流量关系曲线及大断面图见图 3.9.15。

(3)水文站平面布设图。

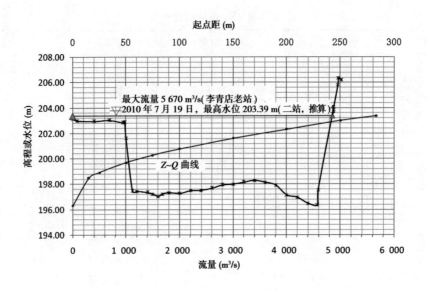

图 3.9.15　李青店(二)水文站水位—流量关系曲线及大断面图

李青店(二)水文站平面布设图见图 3.9.16。

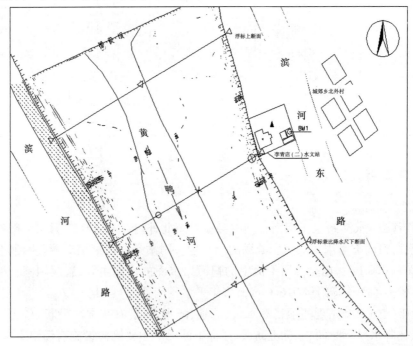

图 3.9.16　李青店(二)水文站平面布设图

(4)测流方案。

测流方案见表 3.9.14。

表 3.9.14　测流方案

流量级（m³/s）	≤30.0	30.0~1 000	1 000~1 500	1 500~3 000	≥3 000
测流方案	涉水	缆道	桥测	浮标	比降

（5）属站管理。

各属站信息见表 3.9.15。

表 3.9.15　属站信息一览

序号	站名	站类	测验要素	属性
1	焦园	雨量站	降水量	全年
2	马市坪	雨量站	降水量	全年
3	菜园	雨量站	降水量	全年
4	李家庄	雨量站	降水量	汛期
5	羊马坪	雨量站	降水量	全年
6	二道河	雨量站	降水量	汛期
7	斗垛	雨量站	降水量	全年
8	上官庄	雨量站	降水量	汛期
9	下石笼	雨量站	降水量	汛期
10	留山	巡测站	水位、流量、降水量	全年

3.9.9　口子河水文站

（1）测站简介。

口子河水文站位于河南省南召县太山庙乡黄土岭村,1956 年 5 月由河南省水利厅设立,现由河南省南阳水文水资源勘测局管理。测站是白河一级支流鸭河上的控制站,也是白河干流上的鸭河口水库入库的主要水文站,流域面积 421 km²,属国家三级重要水文站。流域多年平均降雨量 870.3 mm,多年平均径流量 1.270 亿 m³。

口子河水文站观测项目有水位、流量、降水量。现有基本水尺断面、浮标测流上断面、浮标测流下断面。主要测验设施有缆道 1 座、浮标测流 1 套等;主要测验方式为低水时采用涉水、中高水时采用缆道、高水时采用浮标。

（2）水位—流量关系曲线及大断面图。

口子河水文站水位—流量关系曲线及大断面图见图 3.9.17。

（3）水文站平面布设图。

口子河水文站平面布设图见图 3.9.18。

（4）测流方案。

测流方案见表 3.9.16。

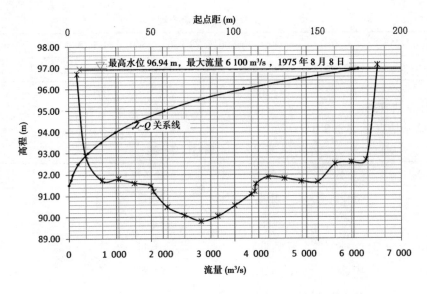

图 3.9.17 口子河水文站水位—流量关系曲线及大断面图

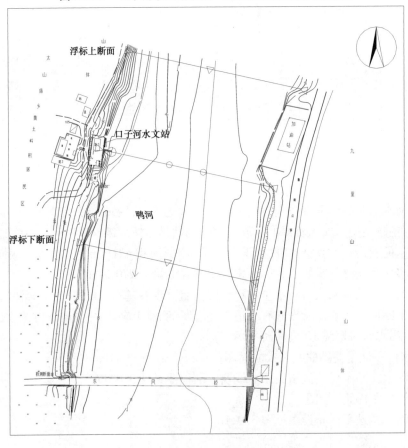

图 3.9.18 口子河水文站平面布设图

表 3.9.16　测流方案

水情级别	高水	中水	低水	枯水
水位级(m)	>92.50	92.00~92.50	91.30~92.00	<91.30
测流方法	缆道、浮标	缆道	缆道、涉水	涉水

(5)属站管理。

各属站信息见表 3.9.17。

表 3.9.17　属站信息一览

序号	站名	站类	测验要素	属性
1	郭庄	雨量站	降水量	汛期
2	云阳	雨量站	降水量	全年
3	杨西庄	雨量站	降水量	汛期
4	建坪	雨量站	降水量	全年
5	小店	雨量站	降水量	汛期
6	赵庄	雨量站	降水量	全年

3.9.10　内乡(二)水文站

(1)测站简介。

内乡(二)水文站位于河南省内乡县城关镇北园村,1951 年 4 月由河南省水利厅设立,现由河南省南阳水文水资源勘测局管理。测站是白河一级支流湍河上的控制站,流域面积 1 507 km^2,属国家二级重要水文站。流域多年平均降雨量 766.9 mm,多年平均径流量 3.024 亿 m^3。

内乡(二)水文站观测项目有水位、流量、降水量、蒸发量、墒情。现有基本水尺断面、流速仪测流断面、浮标下断面,主要测验设施有测流车 1 辆、ADCP 流速仪 1 套、自记井 1 座等;主要测验方式为低水时采用涉水、中水时采用桥测或 ADCP,高水时采用浮标。

(2)水位—流量关系曲线及大断面图。

内乡(二)水文站水位—流量关系曲线及大断面图见图 3.9.19。

(3)水文站平面布设图。

内乡(二)水文站平面布设图见图 3.9.20。

(4)测流方案。

测流方案见表 3.9.18。

(5)属站管理。

各属站信息见表 3.9.19。

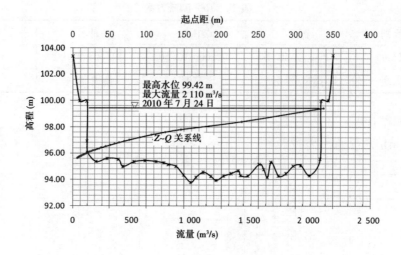

图 3.9.19 内乡(二)水文站水位—流量关系曲线及大断面图

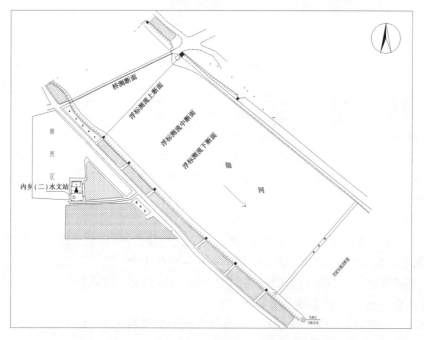

图 3.9.20 内乡(二)水文站平面布设图

表 3.9.18 测流方案

水情级别	高水	中水	低水	枯水
水位级(m)	>98.00	96.50~98.00	94.50~96.50	<94.50
测流方法	桥测、ADCP、浮标	桥测、ADCP	桥测、涉水	涉水

表 3.9.19　属站信息一览

序号	站名	站类	测验要素	属性
1	葛条爬	雨量站	降水量	全年
2	大龙	雨量站	降水量	全年
3	板厂	雨量站	降水量	汛期
4	雁岭街	雨量站	降水量	汛期
5	大栗坪	雨量站	降水量	全年
6	青杠树	雨量站	降水量	汛期
7	后会	雨量站	降水量	全年
8	赤眉	雨量站	降水量	全年
9	黄营	雨量站	降水量	汛期
10	马山口	雨量站	降水量	全年
11	王店	雨量站	降水量	汛期
12	峁蚰	雨量站	降水量	汛期
13	苇集	雨量站	降水量	全年
14	后会(二)	水位站	水位、降水量	全年

3.9.11　急滩水文站

(1)测站简介。

急滩水文站位于河南省邓州市汲滩镇廖寨村,1951 年 5 月由河南省水利厅设立,现由河南省南阳水文水资源勘测局管理。测站是白河一级支流湍河上的控制站,流域面积 4 263 km²,属国家一级重要水文站。流域多年平均降雨量 766.9 mm,多年平均径流量 7.862 亿 m³。

急滩水文站观测项目有水位、流量、单沙、输沙率、水温、降水量、蒸发量、墒情。现有基本水尺断面、浮标上断面、浮标中断面、浮标下断面、比降水尺上断面、比降水尺下断面。主要测验设施有缆道 1 座、测流车 1 辆、测船 1 条、浮标测流 1 套、自记井 1 座等;主要测验方式为低水时采用涉水、测船,中高水时采用缆道、测船,高水时采用浮标、比降面积法。

(2)水位—流量关系曲线及大断面图。

急滩水文站水位—流量关系曲线及大断面图见图 3.9.21。

(3)水文站平面布设图。

急滩水文站平面布设图见图 3.9.22。

(4)测流方案。

测流方案见表 3.9.20。

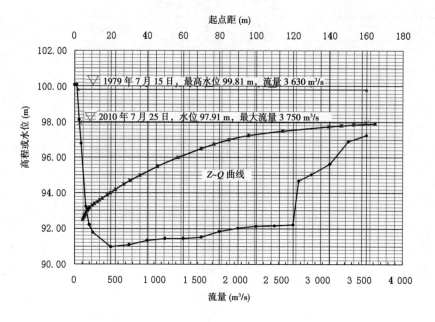

图 3.9.21　急滩水文站水位—流量关系曲线及大断面图

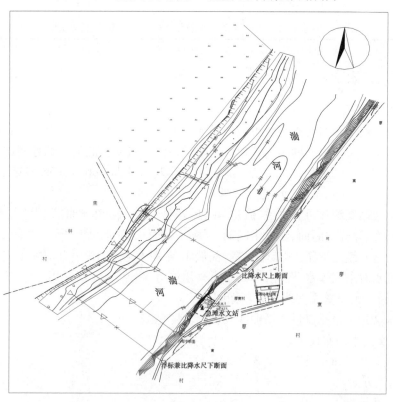

图 3.9.22　急滩水文站平面布设图

表 3.9.20　测流方案

水情级别	高水	中水	低水	枯水
水位级(m)	>95.50	94.00~95.50	92.30~94.00	<92.30
测流方法	缆道、浮标、比降面积法	缆道、测船	测船、涉水	测船、涉水

(5)属站管理。

各属站信息见表 3.9.21。

表 3.9.21　属站信息一览

序号	站名	站类	测验要素	属性
1	穰东	雨量站	降水量	全年
2	沟林	雨量站	降水量	全年
3	张村	雨量站	降水量	汛期
4	邓州	雨量站	降水量	全年
5	大王集	雨量站	降水量	全年
6	林扒	雨量站	降水量	全年
7	邹楼	雨量站	降水量	全年
8	庙岗	雨量站	降水量	全年

3.9.12　棠梨树水文站

(1)测站简介。

棠梨树水文站位于河南省镇平县二龙乡棠梨树村,1966 年 6 月由河南省水文总站设立,现由河南省南阳水文水资源勘测局管理。测站是白河二级支流西赵河上的控制站,流域面积 127 km²,属省级三类重要水文站。流域多年平均降雨量 754.5 mm,多年平均径流量 0.411 9 亿 m³。

棠梨树水文站观测项目有水位、流量、单沙、降水量。现有基本水尺断面、浮标上断面、浮标下断面。主要测验设施有缆道 1 座等;主要测验方式为低水时采用涉水,中、高水时采用缆道、浮标。

(2)水位—流量关系曲线及大断面图。

棠梨树水文站水位—流量关系曲线及大断面图见图 3.9.23。

(3)水文站平面布设图。

棠梨树水文站平面布设图见图 3.9.24。

(4)测流方案。

测流方案见表 3.9.22。

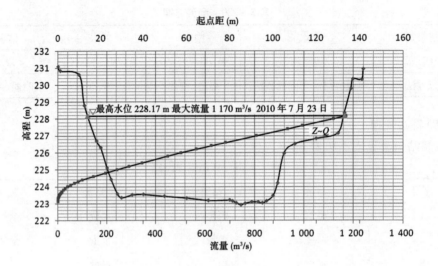

图 3.9.23 棠梨树水文站水位—流量关系曲线及大断面图

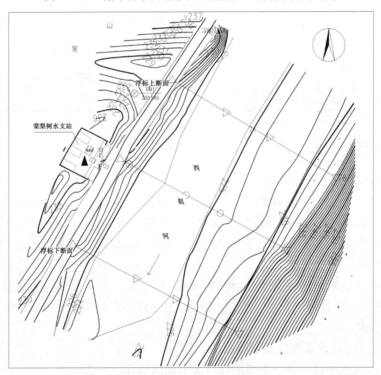

图 3.9.24 棠梨树水文站平面布设图

表 3.9.22 测流方案

水情级别	高水	中水	低水	枯水
水位级（m）	>225.50	224.50~225.50	223.30~224.50	<223.30
测流方法	缆道、浮标	缆道、浮标	缆道、涉水	涉水

(5)属站管理。

各属站信息见表 3.9.23。

表 3.9.23　属站信息一览

序号	站名	站类	测验要素	属性
1	高峰	雨量站	降水量	全年
2	二潭	雨量站	降水量	汛期
3	柳树底	雨量站	降水量	汛期
4	杏山	雨量站	降水量	汛期
5	镇平	雨量站	降水量	全年
6	芦医	雨量站	降水量	全年

3.9.13　赵湾水库水文站

(1)测站简介。

赵湾水库水文站位于河南省镇平县石佛寺镇赵湾村,2012 年 1 月由河南省水文水资源局设立,现由河南省南阳水文水资源勘测局管理。测站是白河二级支流西赵河上的水库站,水库控制流域面积 205 km²,属国家一级重要水文站。流域多年平均降雨量 827.5 mm。

赵湾水库水文站观测项目有水位、流量、蒸发量、降水量、墒情。现有赵湾水库(坝上)基本水尺断面、赵湾水库(东渠)流速仪测流断面、赵湾水库(西渠)流速仪测流断面、溢洪道测流断面(待建测流设施)。

(2)水位—库容曲线图。

赵湾水库水位—库容曲线图见图 3.9.25。

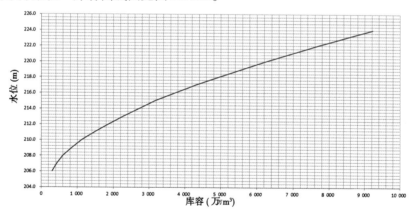

图 3.9.25　赵湾水库水位—库容曲线图

(3)水文站平面布设图。

赵湾水库水文站平面布设图见图 3.9.26。

(4)测流方案。

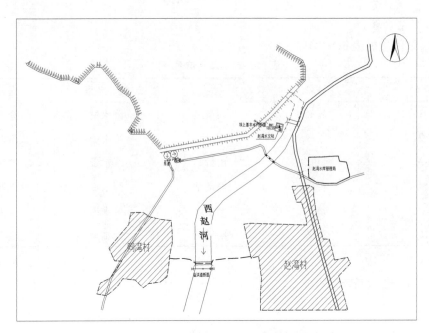

图 3.9.26　赵湾水库水文站平面布设图

测流方案见表 3.9.24、表 3.9.25。

表 3.9.24　测流方案 1

方案	涉水	缆道	测船	桥测	浮标	比降面积法
流量(m³/s)					>10.0	
备注				东渠、西渠	溢洪道	

表 3.9.25　测流方案 2

泄水建筑物	溢洪道	非常溢洪道	泄洪洞	东渠	西渠(输水洞)
测流方式	查线			桥测	桥测、涉水

3.9.14　半店(二)水文站

(1)测站简介。

半店(二)水文站位于河南省淅川县九重镇唐王桥村,1954 年 6 月由河南省农林厅水利局设立,现由河南省南阳水文水资源勘测局管理。测站是白河一级支流刁河上的控制站,流域面积 435 km²,属国家二级重要水文站。流域多年平均降雨量 724.4 mm,多年平均径流量 0.734 4 亿 m³。

半店(二)水文站观测项目有水位、流量、降水量、蒸发量。现有基本水尺断面、浮标上断面、浮标下断面。主要测验设施有自记井 1 座等;主要测验方式为低水时采用涉水,中、高水以上时采用桥测、浮标。

(2)水位—流量关系曲线及大断面图。

半店(二)水文站水位—流量关系曲线及大断面图见图3.9.27。

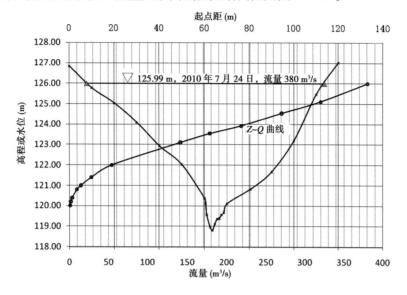

图3.9.27 半店(二)水文站水位—流量关系曲线及大断面

（3）水文站平面布设图。

半店(二)水文站平面布设图见图3.9.28。

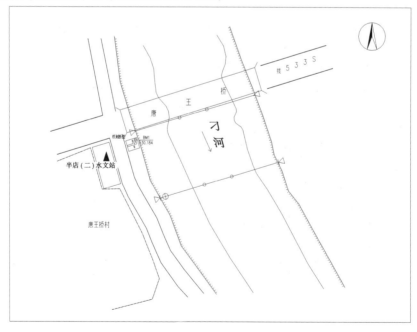

图3.9.28 半店(二)水文站平面布设图

（4）测流方案。

测流方案见表3.9.26。

表 3.9.26　测流方案

水情级别	高水	中水	低水	枯水
水位级(m)	>123.00	122.00~123.00	120.00~122.00	<120.00
测流方法	桥测、浮标	桥测	桥测、涉水	涉水

3.9.15　社旗水文站

(1)测站简介。

社旗水文站位于河南省社旗县郝寨镇新庄村,1951 年 4 月由河南省农林厅水利局设立,现由河南省南阳水文水资源勘测局管理。测站是唐白河一级支流唐河上的控制站,流域面积 1 044 km²,属国家二级重要水文站。流域多年平均降雨量 866.4 mm,多年平均径流量 2.346 亿 m³。

社旗水文站观测项目有水位、流量、单沙、降水量。现有基本水尺断面、浮标上断面、浮标下断面、比降水尺上断面、比降水尺下断面。主要测验设施有缆道 1 座、测流车 1 辆、自记井 3 座等;主要测验方式为低水时采用涉水、缆道,中高水以上时采用缆道、浮标,高水紧急时采用比降面积法。

(2)水位—流量关系曲线及大断面图。

社旗水文站水位—流量关系曲线及大断面图见图 3.9.29。

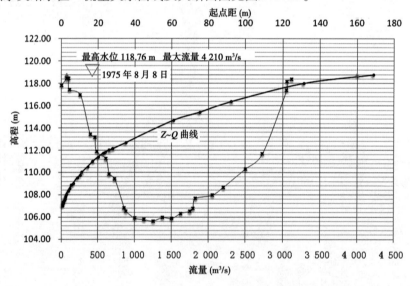

图 3.9.29　社旗水文站水位—流量关系曲线及大断面图

(3)水文站平面布设图。

社旗水文站平面布设图见图 3.9.30。

(4)测流方案。

测流方案见表 3.9.27。

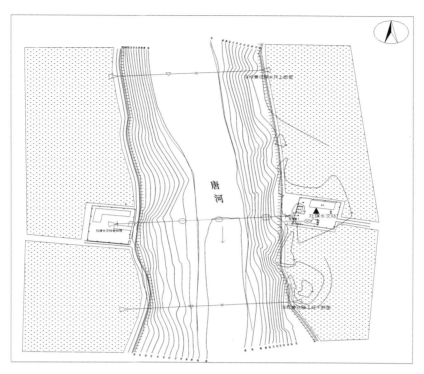

图 3.9.30　社旗水文站平面布设图

表 3.9.27　测流方案

水情级别	高水	中水	低水	枯水
水位级（m）	>110.00	109.00～110.00	107.00～109.00	<107.00
测流方法	缆道、比降面积法	缆道	缆道	缆道、涉水

（5）属站管理。

各属站信息见表 3.9.28。

表 3.9.28　属站信息一览

序号	站名	站类	测验要素	属性
1	维摩寺	雨量站	降水量	全年
2	罗汉山	雨量站	降水量	全年
3	平高台	雨量站	降水量	全年
4	杨集	雨量站	降水量	
5	方城	雨量站	降水量	全年
6	望花亭	雨量站	降水量	全年
7	陌坡	雨量站	降水量	
8	饶良	雨量站	降水量	全年
9	坑黄	雨量站	降水量	全年

3.9.16　唐河(二)水文站

(1)测站简介。

唐河(二)水文站位于河南省唐河县城郊乡牛埠口村,1936年5月由河南省水利处设立,现由河南省南阳水文水资源勘测局管理。测站是唐白河一级支流唐河上的控制站,流域面积4 777 km²,属国家一级重要水文站。流域多年平均降雨量866.4 mm,多年平均径流量11.76亿 m³。

唐河(二)水文站观测项目有水位、流量、单沙、输沙率、水温、降水量、蒸发量。现有基本水尺断面、浮标下断面(兼比降水尺下断面)。主要测验设施有缆道1座、测流车1辆、气泡水位计1个等;主要测验方式为低水时采用涉水、测船、缆道,中高水以上时采用测船、缆道、浮标,高水紧急时采用比降面积法。

(2)水位—流量关系曲线及大断面图。

唐河(二)水文站水位—流量关系曲线及大断面图见图3.9.31。

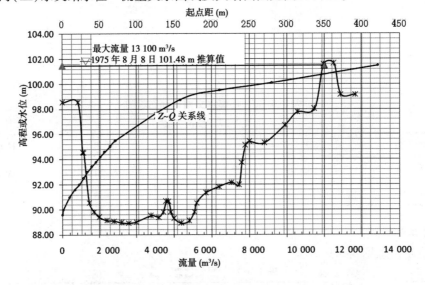

图3.9.31　唐河(二)水文站水位—流量关系曲线及大断面图

(3)水文站平面布设图。

唐河(二)水文站平面布设图见图3.9.32。

(4)测流方案。

测流方案见表3.9.29。

(5)属站管理。

各属站信息见表3.9.30。

图 3.9.32 唐河(二)水文站平面布设图

表 3.9.29 测流方案

水情级别	高水	中水	低水	枯水
水位级(m)	>93.00	91.50~93.00	89.50~91.50	<89.50
测流方法	缆道、测船、桥测、ADCP	缆道、测船	缆道、测船	缆道、涉水

表 3.9.30 属站信息一览

序号	站名	站类	测验要素	属性
1	半坡	雨量站	降水量	汛期
2	少拜寺	雨量站	降水量	汛期
3	大河屯	雨量站	降水量	全年
4	桐河	水位站	水位、降水量	全年
5	唐河	雨量站	降水量	全年
6	张马店	雨量站	降水量	全年
7	毕店	雨量站	降水量	全年
8	祁仪	雨量站	降水量	全年
9	昝岗	雨量站	降水量	全年
10	白秋	雨量站	降水量	汛期
11	湖阳	雨量站	降水量	全年
12	苍台	雨量站	降水量	全年

3.9.17 平氏水文站

(1)测站简介。

平氏水文站位于河南省桐柏县埠江镇前埠村,1953 年 5 月河南省农林厅水利局设立,现由河南省南阳水文水资源勘测局管理。测站是唐河一级支流三夹河上的控制站,流域面积 748 km²,属国家二级重要水文站。流域多年平均降雨量 925.3 mm,多年平均径流量 2.367 亿 m³。

平氏水文站观测项目有水位、流量、降水量、墒情。现有基本水尺断面、比降水尺上断面、比降水尺下断面(兼浮标下断面),主要测验设施有缆道 1 座、测流车 1 辆、自记水位井 1 座等;主要测验方式为低水时采用涉水、测船、缆道,中高水以上时采用测船、缆道、浮标,高水紧急时采用比降面积法。

(2)水位—流量关系曲线及大断面图。

平氏水文站水位—流量关系曲线及大断面图见图 3.9.33。

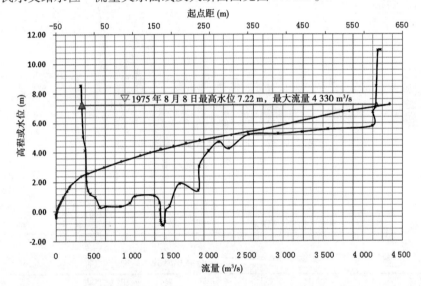

图 3.9.33 平氏水文站水位—流量关系曲线及大断面图

(3)水文站平面布设图。

平氏水文站平面布设图见图 3.9.34。

(4)测流方案。

测流方案见表 3.9.31。

(5)属站管理。

各属站信息见表 3.9.32。

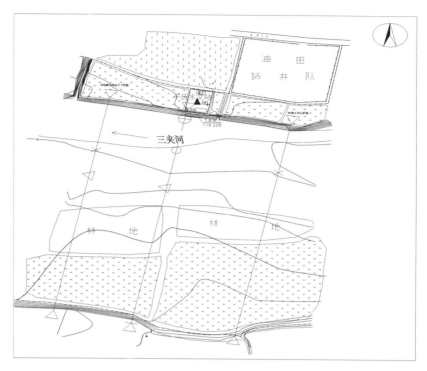

图 3.9.34　平氏水文站平面布设图

表 3.9.31　测流方案

水情级别	高水	中水	低水	枯水
水位级(m)	>2.50	1.50~2.50	−0.20~1.50	<−0.20
测流方法	缆道、测船、浮标	缆道、测船	缆道、测船	涉水

表 3.9.32　属站信息一览

序号	站名	站类	测验要素	属性
1	新城	雨量站	降水量	全年
2	吴井	雨量站	降水量	全年
3	鸿仪河	雨量站	降水量	全年
4	二郎山	雨量站	降水量	全年
5	安棚	雨量站	降水量	汛期

3.10　新乡辖区水文站

3.10.1　八里营(二)水文站

(1)测站简介。

八里营(二)水文站位于西孟姜女河左岸新乡市平原乡八里营村,1972年7月由新乡地区水利局设立,现属河南省新乡水文水资源勘测局,卫河一级支流西孟姜女河上的控制站,流域面积 167 km²,属省级水文站。多年平均径流量 0.114 3 亿 m³(2005 ~ 2012 年)。

八里营(二)水文站观测项目有降水、水位、流量、墒情、水量调查。现有基本水尺断面、流速仪测流断面;主要测验设施有桥测 1 座、自记井 1 座;主要测验方式为低水时采用涉水测杆和小浮标,中、高水时采用流速仪。

(2)大断面图(本站为连实测法,水位和实测流量不成关系)。

八里营(二)水文站大断面图见图 3.10.1。

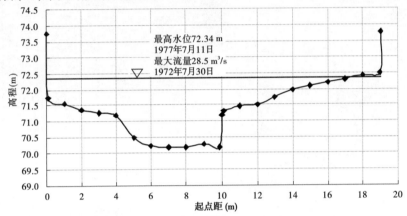

图 3.10.1　八里营(二)水文站大断面图

(3)水文站平面布设图。

八里营(二)水文站平面布设图见图 3.10.2。

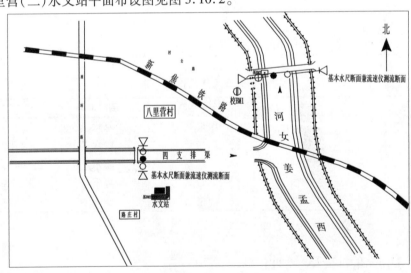

图 3.10.2　八里营(二)水文站平面布设图

(4)测流方案。

测流方案见表 3.10.1。

表 3.10.1　测流方案

水情级别	高水	中水	低水
水位级(m)	>71.90	70.50~71.90	<70.50
测流方法	流速仪	流速仪	涉水测杆、小浮标

(5)属站管理。

各属站信息见表3.10.2。

表 3.10.2　属站信息一览

序号	站名	站类	测验要素	属性
1	八里营	雨量站	雨量	全年
2	辛丰	雨量站	雨量、墒情	汛期
3	张唐马	雨量站	雨量、墒情	汛期
4	忠义	雨量站	雨量	全年
5	小冀	雨量站	雨量	全年
6	原武	雨量站	雨量	全年
7	郎公庙	雨量站	雨量	全年
8	师寨	雨量站	雨量	汛期
9	康庄	雨量站	雨量	汛期

3.10.2　宝泉水库水文站

(1)测站简介。

宝泉水库水文站位于峪河左岸辉县市薄壁镇宝泉水库,1954年7月由河南省农林厅设立,现由河南省新乡水文水资源勘测局管理。测站是卫河一级支流峪河上宝泉水库的入库控制站,流域面积538.4 km²,属省级水文站。流域多年平均降雨量714 mm,多年平均年径流量1.011亿 m³。

宝泉水库水文站观测项目有水位、流量、水温、降水量、初终霜、水质、墒情、水量调查。现有宝泉水库(干渠)、宝泉水库(上干渠)、断面宝泉水库(坝上)、宝泉水库(溢洪道)共四个断面;主要测验设施有测深杆和流速仪。

(2)水位—库容曲线图和水位—泄量曲线图。

宝泉水库水位—库容关系曲线见图3.10.3。宝泉水库水位—泄量曲线见图3.10.4。宝泉水库水文站最高水位258.29 m、最大蓄水量0.510 39亿 m³、最大泄流量95.7 m³/s,出现于2012年8月1日。

(3)水文站平面布设图。

宝泉水库水文站平面布设图见图3.10.5。

(4)测流方案。

测流方案见表3.10.3。

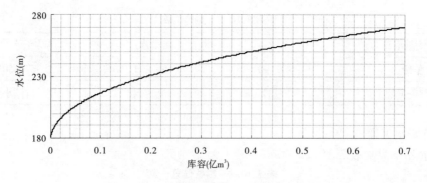

图 3.10.3　宝泉水库水位—库容关系曲线

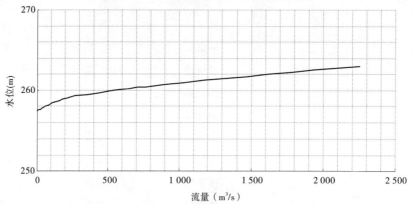

图 3.10.4　宝泉水库水位—泄量曲线

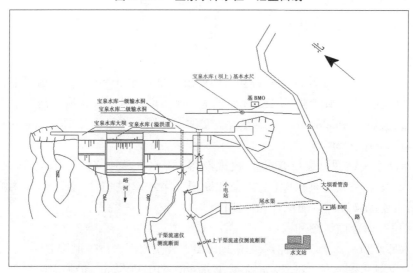

图 3.10.5　宝泉水库水文站平面布设图

表 3.10.3　测流方案

泄水建筑物	溢洪道	非常溢洪道	泄洪洞	电站	输水洞
测流方式	水力学公式	溢流曲线	流速仪	流速仪	流速仪

(5)属站管理。

各属站信息见表3.10.4。

表3.10.4　属站信息一览

序号	站名	站类	测验要素	属性
1	古郊	雨量站	雨量	全年
2	西石门	雨量站	雨量	全年
3	琵琶河	雨量站	雨量	全年
4	凤凰	雨量站	雨量	全年
5	平甸	雨量站	雨量	全年
6	西寨山	雨量站	雨量	全年
7	宝泉	雨量站	雨量	全年
8	官山	雨量站	雨量	全年
9	吴村	雨量站	雨量	汛期
10	高庄	雨量站	雨量	汛期
11	茅草庄	雨量站	雨量	汛期
12	鹅屋	雨量站	雨量	汛期
13	后庄	雨量站	雨量	汛期
14	白草岗	雨量站	雨量	全年
15	五里窑	雨量站	雨量	全年
16	石门水库	水位站	水位	全年
17	黄水口	雨量站	雨量	全年
18	四里厂	雨量站	雨量	全年
19	辉县	雨量站	雨量	全年
20	南寨	雨量站	雨量	全年
21	要街	雨量站	雨量	全年
22	石门	雨量站	雨量	全年

3.10.3　大车集(二)水文站

(1)测站简介。

大车集(二)水文站位于天然文岩渠左岸新乡市长垣县位庄乡大车集村,1956年6月由河南省水利厅设立,现由河南省新乡水文水资源勘测局管理。测站是黄河流域一级支流天然文岩渠上的控制站,流域面积2 283 km²,属省级重要水文站。流域多年平均降雨量630 mm,多年平均径流量0.76亿m³。

大车集(二)水文站观测项目有降水、水位、流量、泥沙、蒸发、水温、墒情、水量调查。

现有流速仪测流断面、基本水尺断面;主要测验设施有桥测车、ADCP、电波流速仪、水位自记井 1 座;主要测验方式为桥测。

(2)大断面(本站为连实测法,水位和连实测不成关系)。

大车集(二)水文站大断面图见图 3.10.6。

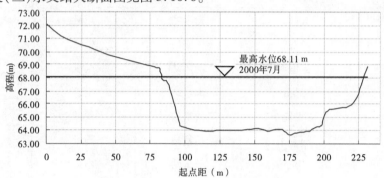

图 3.10.6 大车集(二)水文站大断面图

(3)水文站平面布设图。

大车集(二)水文站平面布设图见图 3.10.7。

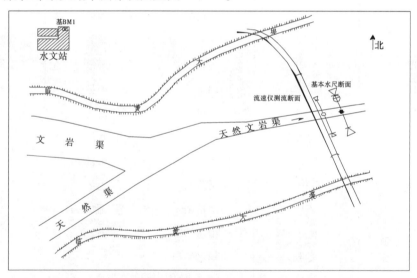

图 3.10.7 大车集(二)水文站平面布设图

(4)测流方案。

测流方案见表 3.10.5。

表 3.10.5 测流方案

水情级别	高水	中水	低水	枯水
水位级(m)	>67.50	66.80~67.50	66.00~66.80	<66.00
测流方法	桥测	桥测	桥测	桥测

(5)属站管理。

各属站信息见表 3.10.6。

表 3.10.6　属站信息一览

序号	站名	站类	测验要素	属性
1	大车集	雨量站	雨量	全年
2	罗庄	雨量站	雨量	全年
3	聂店	雨量站	雨量	全年

3.10.4　合河水文站

(1)测站简介。

合河水文站管理两处水文站断面,分别是合河(卫)和合河(共)。

合河(卫)位于卫河左岸合河乡后贾村,1933 年 11 月由原河南省第四水利局设立。测站是海河一级支流卫河上的控制站。合河(共)位于共产主义渠右岸新乡县合河乡潘屯村。1955 年 6 月由河南省水利厅设立,测站是卫河一级共产主义渠上的控制站。

合河(卫)、合河(共)现由河南省新乡水文水资源勘测局管理,流域面积 4 061 km²,属国家级重要水文站。流域多年平均降雨量 620 mm,多年平均径流量 5.61 亿 m³。

合河水文站观测项目有降水、水位、流量、泥沙、蒸发、水文调查、初终霜、水温、墒情、气象等。合河(共)现有基本水尺断面和流速仪测流断面;合河(卫)有基本水尺断面和流速仪测流断面;合河(共)主要测验设施有缆道 1 座、测船 1 艘、自记井 1 座;主要测验方式为合河(共)低水时采用涉水;中水时采用缆道;高水时采用测船和 ADCP;特大洪水时,采用测船、大浮标和 ADCP。合河(卫)低水时涉水或小浮标、中高水时采用桥测。

(2)水位—流量关系曲线及大断面图。

合河(共)水文站水位—流量关系曲线及大断面图见图 3.10.8。

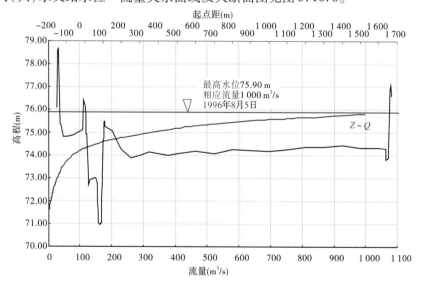

图 3.10.8　合河(共)水文站水位—流量关系曲线及大断面图

合河(卫)水文站基本水尺断面及流速仪测流断面图见图 3.10.9。

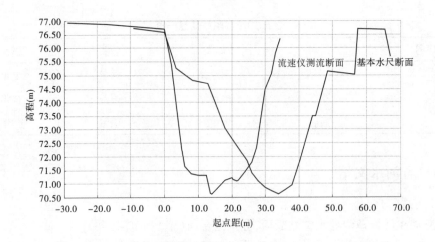

图3.10.9　合河(卫)水文站基本水尺断面及流速仪测流断面图

(3)水文站平面布设图。

合河(共)平面布设图见图3.10.10。

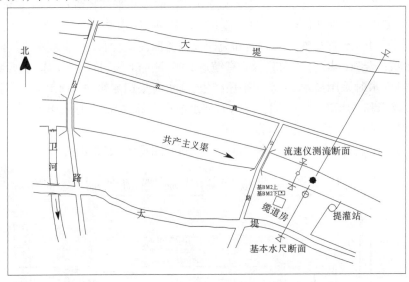

图3.10.10　合河(共)平面布设图

合河(卫)平面布设图见图3.10.11。

(4)测流方案。

合河(共)测流方案见表3.10.7。

合河(卫)测流方案见表3.10.8。

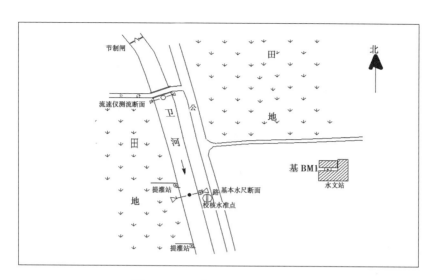

图 3.10.11　合河 (卫) 平面布设图

表 3.10.7　合河 (共) 测流方案

水情级别	大洪水	高水	中水	低水
水位级 (m)	≥75.90	74.50 ~ 75.90	72.50 ~ 74.50	<72.50
测流方法	大浮标、测船、ADCP	缆道、测船、ADCP	缆道	缆道、涉水

表 3.10.8　合河 (卫) 测流方案

水情级别	高水	中水	低水	枯水
水位级 (m)	≥74.00	72.00 ~ 74.00	<72.00	
测流方法	桥测	桥测	涉水、小浮标	

(5) 属站管理。

各属站信息见表 3.10.9。

表 3.10.9　属站信息一览

序号	站名	站类	测验要素	属性
1	获嘉	雨量站	雨量	全年

3.10.5　卫辉水文站

(1) 测站简介。

卫辉水文站管理两处水文站断面,分别是汲县 (二) 和黄土岗 (二)。

汲县 (二) 位于卫河左岸卫辉市城郊乡下园村,1954 年 6 月由河南省农林厅设立,是海河一级支流卫河上的控制站。黄土岗 (二) 位于共产主义渠右岸卫辉市城郊乡下园村。1954 年 6 月由河南省农林厅设立,测站是共产主义渠上的控制站。

卫辉水文站现由河南省新乡水文水资源勘测局管理,控制流域面积 5 050 km², 属国家级重要水文站。流域多年平均降雨量 620 mm,汲县(二)多年平均径流量 1.05 亿 m³,黄土岗(二)多年平均径流量 4.22 亿 m³。

卫辉水文站观测项目有降水、水位、流量、泥沙、水文调查、水温、墒情等。黄土岗(二)现有基本水尺断面和流速仪测流断面,汲县(二)有基本水尺断面和流速仪测流断面;黄土岗(二)主要测验设施有测船 1 艘、自记井 1 座;主要测验方式为黄土岗(二)低水、中低水时采用桥测,高水时采用桥测、测船和 ADCP,特大洪水时采用测船、大浮标和 ADCP;汲县(二)枯水时涉水或小浮标,低水、中水、高水时采用桥测。

(2)大断面及水位—流量关系曲线图。

黄土岗(二)水文站水位—流量关系曲线及大断面图见图 3.10.12。

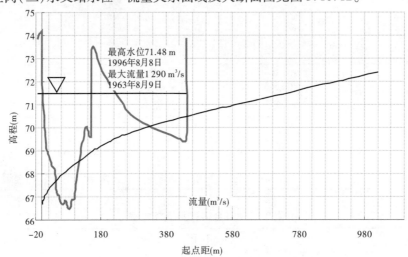

图 3.10.12　黄土岗(二)水文站水位—流量关系曲线及大断面图

汲县(二)水文站水位—流量关系曲线及大断面图见图 3.10.13。

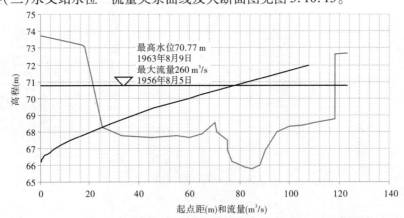

图 3.10.13　汲县(二)水文站水位—流量关系曲线及大断面图

(3)水文站平面布设图。

黄土岗(二)与汲县(二)平面布设图见图 3.10.14。

(4)测流方案。

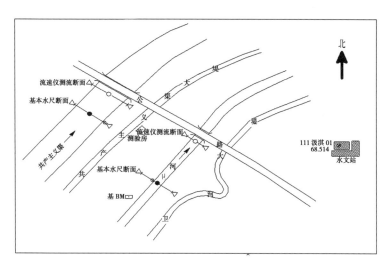

图 3.10.14   黄土岗(二)与汲县(二)平面布设图

黄土岗(二)测流方案见表 3.10.10。

表 3.10.10   黄土岗(二)测流方案

水情级别	高水	中水	低水	枯水
水位级(m)	≥69.90	68.50~69.90	66.80~68.50	<66.80
测流方法	桥测、测船、ADCP	桥测	桥测	涉水、小浮标

汲县(二)测流方案见表 3.10.11。

表 3.10.11   汲县(二)测流方案

水情级别	高水	中水	低水	枯水
水位级(m)	≥69.00	68.00~69.00	66.50~68.00	<66.50
测流方法	桥测	桥测	桥测	涉水、小浮标

(5)属站管理。

各属站信息见表 3.10.12。

表 3.10.12   属站信息一览

序号	站名	站类	测验要素	属性
1	汲县	雨量站	雨量	全年
2	东栓马	雨量站	雨量	全年
3	东陈召	雨量站	雨量	全年
4	石包头	雨量站	雨量	全年
5	塔岗	雨量站	雨量	全年
6	东屯	雨量站	雨量	汛期站

3.10.6　饮马口水文站

（1）测站简介。

饮马口水文站位于人民胜利渠右岸新乡市平原乡饮马口村,1981 年 10 月由河南省水文总站设立,现由河南省新乡水文水资源勘测局管理。测站是卫河一级支流人民胜利渠河上的控制站,属省级水文站。多年(2005~2012 年)平均径流量 0.141 4 亿 m^3。

饮马口水文站观测项目有水位、流量、含沙量,现有基本水尺断面、流速仪测流断面;主要测验设施有雷达式水位计。主要测验方式为低水时采用涉水、桥测,中水时采用桥测或槽蓄推流。

（2）饮马口水文站大断面图及水位蓄水量槽蓄关系曲线。

饮马口水文站大断面图见图 3.10.15。

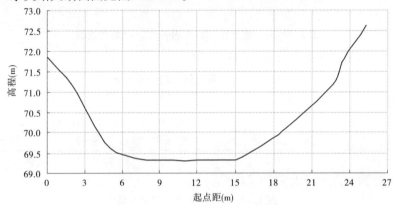

图 3.10.15　饮马口水文站大断面图

饮马口水文站水位—蓄水量槽蓄关系曲线见图 3.10.16。

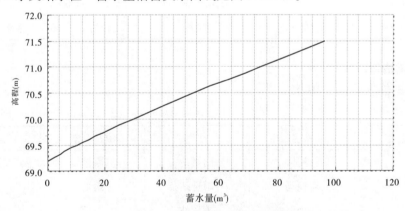

图 3.10.16　饮马口水文站水位—蓄水量槽蓄关系曲线

（3）水文站平面布设图。

饮马口水文站平面布设图见图 3.10.17。

（4）测流方案。

测流方案见表 3.10.13。

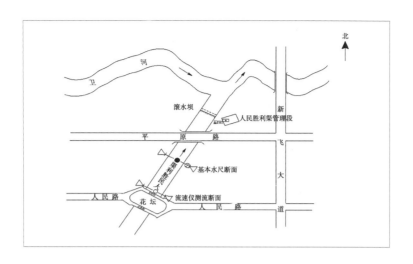

图 3.10.17 饮马口水文站平面布设图

表 3.10.13 测流方案

水情级别	高水	中水	低水	枯水
水位级(m)	>72.00	71.00 ~ 72.00	<71.00	
测流方法	流速仪、槽蓄	流速仪、槽蓄	涉水、桥测	

3.10.7 朱付村水文站

(1)测站简介。

朱付村水文站位于文岩渠右岸新乡市延津县僧固乡朱付村,1958 年 8 月由河南省水利厅设立,现由河南省新乡水文水资源勘测局管理。测站是黄河流域二级支流文岩渠上的控制站,流域面积 849 km²,属省级重要水文站。流域多年平均降雨量 579.3 mm,多年(2005 ~ 2012 年)平均径流量 0.348 2 亿 m³。

朱付村水文站观测项目有降水、水位、流量、墒情、水量调查。现有基本水尺断面、流速仪测流断面;主要测验设施有缆道 1 座、自记井 1 座;主要测验方式为低水时采用缆道、测杆,中水时采用缆道,高水时采用缆道、浮标。

(2)大断面图(本站为连实测法,水位和连实测不成关系)。

朱付村水文站大断面图见图 3.10.18。

(3)水文站平面布设图。

朱付村水文站平面布设图见图 3.10.19。

(4)测流方案。

测流方案见表 3.10.14。

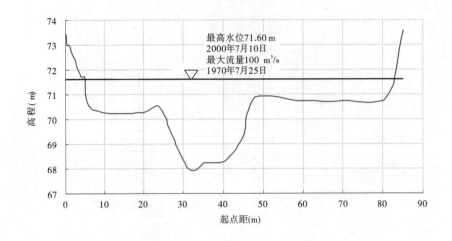

图 3.10.18   朱付村水文站大断面图

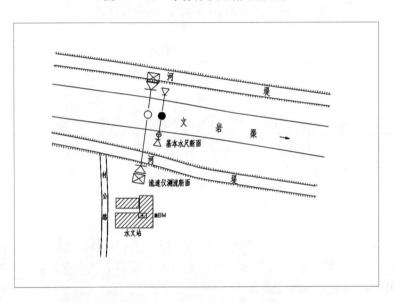

图 3.10.19   朱付村水文站平面布设图

表 3.10.14   测流方案

水情级别	高水	中水	低水	枯水
水位级(m)	>69.67	68.67~69.67	<68.67	
测流方法	缆道、浮标	缆道	涉水	

(5)属站管理。

各属站信息见表3.10.15。

表 3.10.15　属站信息一览

序号	站名	站类	测验要素	属性
1	原阳	雨量站	雨量	全年
2	封丘	雨量站	雨量	全年
3	大宾	雨量站	雨量	全年
4	胙城	雨量站	雨量	汛期
5	黄陵	雨量站	雨量	汛期
6	李辛庄	雨量站	雨量	汛期
7	西别河	雨量站	雨量	汛期
8	朱付村	雨量站	雨量	全年

3.11　焦作辖区水文站

3.11.1　何营水文站

（1）测站简介。

何营水文站位于武陟县詹店镇何营村人民胜利渠左岸,1981 年 10 月由河南省水文总站设立,站名为秦厂水文站,1999 年 1 月经河南省水文水资源局批准由秦厂村下迁 8 km 至何营村,站名改为何营水文站;现由河南省焦作水文水资源勘测局管理。测站是人民胜利渠上的渠首控制站,属省级重要水文站。流域多年平均降雨量 567 mm。

何营水文站测验项目有降水、水位、流量、单样含沙量、水文调查、初终霜、墒情。现有基本水尺断面、流速仪测流断面 2 处;主要测验设施有测验缆道 1 套,自记水位设施 1 处。测验方式为低、中、高水全部采用缆道测流。

（2）大断面图。

何营水文站大断面图见图 3.11.1。

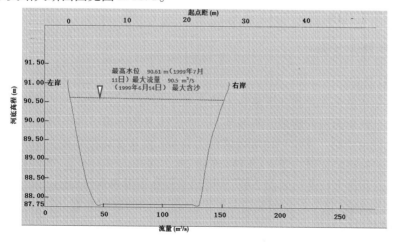

图 3.11.1　何营水文站大断面图

（3）水文站平面布设图。

何营水文站平面布设图见图3.11.2。

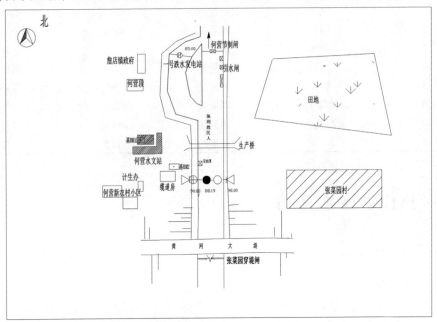

图3.11.2 何营水文站平面布设图

（4）测流方案。

测流方案见表3.11.1。

表3.11.1 测流方案

水情级别	高水	中水	低水	枯水
水位级（m）	≥90.00	89.00~90.00	<89.00	
测流方法	缆道	缆道	缆道	

3.11.2 修武水文站

（1）测站简介。

修武水文站位于修武县五里源乡大堤屯村大沙河右岸,1956年6月设站,现由河南省焦作水文水资源勘测局管理。测站是卫河上游大沙河上唯一的控制站,流域面积1 287 km^2,属省二级水文站。多年平均降雨量607.1 mm,多年平均径流量1.27亿 m^3。

修武水文站测验项目有降水、水位、流量、水文调查、水质、冰情、初终霜、墒情。现有基本水尺断面和流速仪测流断面2处;主要测验设施有缆道测流设施1套,自记水位设施1处;主要测验方式:低水时采用缆道与涉水测流,中水时采用缆道,高水时主槽采用缆道测流、漫滩采用涉水测流。

（2）水位—流量关系曲线及大断面图。

修武水文站水位—流量关系曲线及大断面图见图3.11.3。

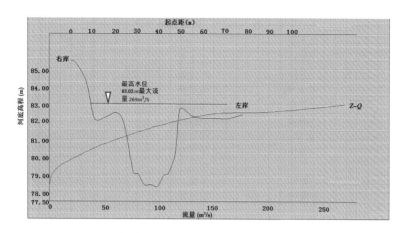

图 3.11.3 修武水文站水位—流量关系曲线及大断面图

（3）水文站平面布设图。

修武水文站平面布设图见图 3.11.4。

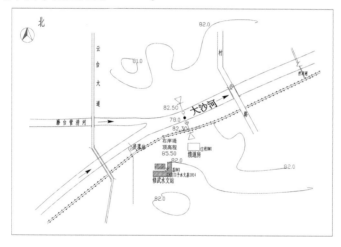

图 3.11.4 修武水文站平面布设图

（4）测流方案。

测流方案见表 3.11.2。

表 3.11.2 测流方案

水情级别	高水	中水	低水	枯水
水位级（m）	≥82.30	79.00～82.30	<79.00	
测流方法	缆道、涉水（漫滩）	缆道	缆道、涉水	

（5）属站管理。

各属站信息见表 3.11.3。

表 3.11.3　属站信息一览

序号	站名	站类	测验要素	属性
1	西村	雨量站	雨量	全年
2	田坪	雨量站	雨量	全年
3	金岭坡	雨量站	雨量	全年
4	孟泉	雨量站	雨量	全年
5	博爱	雨量站	雨量	全年
6	玄坛庙	雨量站	雨量	全年
7	焦作	雨量站	雨量	全年
8	宁郭	雨量站	雨量	汛期
9	黄围	雨量站	雨量	汛期
10	南岭	雨量站	雨量	全年

3.12　济源辖区水文站

3.12.1　济源水文站

（1）测站简介。

济源水文站位于蟒河北岸济源市玉泉街道办事处,1958 年 6 月由河南省水利厅设立,现由河南省济源水文水资源勘测局管理。测站是黄河一级支流蟒河上的控制站,流域面积 480 km²,属省级重要水文站。流域多年平均降水量 670 mm,多年平均径流量 0.8 亿 m³。

济源水文站观测项目有降水、水位、流量、单样含沙量、蒸发、蒸发辅助、水文调查、水质、初终霜、水温、冰情、墒情、比降。现有基本水尺断面（流速仪测流断面）、比降断面;主要测验设施有缆道 1 处;主要测验方式为低水时采用涉水,中水时采用缆道,高水时采用缆道、浮标。

（2）水位—流量关系曲线及大断面图。

济源水文站水位—流量关系曲线及大断面图见图 3.12.1。

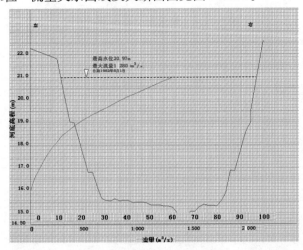

图 3.12.1　济源水文站水位—流量关系曲线及大断面图

（3）水文站平面布设图。

济源水文站平面布设图见图3.12.2。

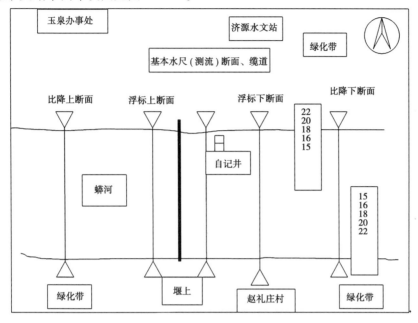

图 3.12.2　济源水文站平面布设图

（4）测流方案。

测流方案见表3.12.1。

表 3.12.1　测流方案

水情级别	高水	中水	低水	枯水
水位级（m）	≥17.00	16.50~17.00	15.50~16.50	<15.50
测流方法	缆道、浮标	缆道	涉水	涉水

（5）属站管理。

各属站信息见表3.12.2。

表 3.12.2　属站信息一览

序号	站名	站类	测验要素	属性
1	济源	雨量站	雨量	全年
2	黄龙庙	雨量站	雨量	全年
3	竹园	雨量站	雨量	全年
4	虎岭	雨量站	雨量	全年
5	交地	雨量站	雨量	全年

3.13 安阳辖区水文站

3.13.1 小南海水库水文站

(1)测站简介。

小南海水库水文站位于安阳河安阳市善应镇庄货村,1954年7月由中央水利部勘测设计院设立,现由河南省安阳水文水资源勘测局管理。测站是安阳河上的水库控制站,流域面积866 km²,属省三级重要水文站。流域多年平均降雨量643.8 mm。

小南海水文站观测项目有水位、流量、降水量、水质、水温、冰情、墒情、水文调查、比降。现有测流断面、基本水尺断面;主要测验设施有缆道、浮标;主要测验方式为低水时采用缆道,中水时采用缆道,高水时采用浮标。

(2)水位—流量关系曲线及大断面图。

小南海水库水文站水位—流量关系曲线及大断面图见图3.13.1。

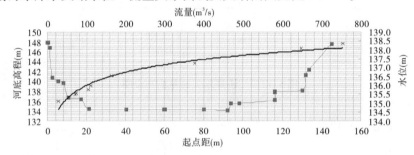

图3.13.1 小南海水库水文站水位—流量关系曲线及大断面图

(3)水文站平面布设图。

小南海水库水文站平面布设图见图3.13.2。

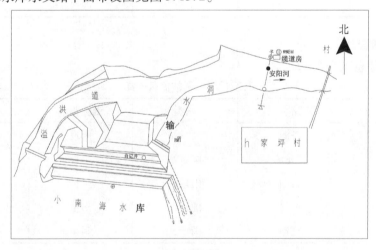

图3.13.2 小南海水库水文站平面布设图

(4)测流方案。

测流方案见表3.13.1。

表3.13.1　测流方案

水情级别	高水	中水	低水	枯水
水位级(m)	>136.60	135.90~136.60	134.70~135.90	<134.70
测流方法	浮标	缆道	缆道	缆道

(5)属站管理。

各属站信息见表3.13.2。

表3.13.2　属站信息一览

序号	站名	站类	测验要素	属性
1	水冶	雨量站	降水量	汛期

3.13.2　横水水文站

(1)测站简介。

横水水文站位于安阳河左岸林州市横水镇东横水村,1962年6月由安阳专署水利局设立,现由河南省安阳水文水资源勘测局管理。测站是安阳河上的小南海水库专用站,流域面积562 km²,属省二级重要水文站。流域多年平均降雨量614.2 mm。

横水水文站观测项目有流量、水位、墒情、降水量、蒸发、水质、冰情、水文调查、比降。现有测流断面;主要测验设施有缆道、浮标;主要测验方式为低水时采用缆道,中水时采用缆道,高水时采用浮标。

(2)水位—流量关系曲线及大断面图。

横水水文站水位—流量关系曲线及大断面图见图3.13.3。

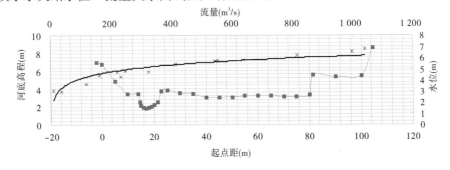

图3.13.3　横水水文站水位—流量关系曲线及大断面图

(3)水文站平面布设图。

横水水文站平面布设图见图3.13.4。

(4)测流方案。

测流方案见表3.13.3。

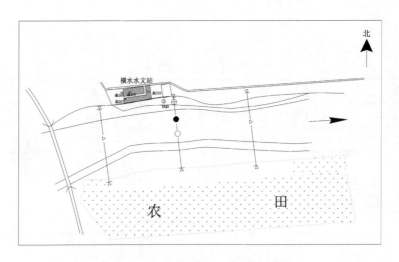

图3.13.4　横水水文站平面布设图

表3.13.3　测流方案

水情级别	高水	中水	低水	枯水
水位级(m)	>5.50	3.51～5.50	2.54～3.51	<2.54
测流方法	浮标	缆道	缆道	缆道

(5)属站管理。

各属站信息见表3.13.4。

表3.13.4　属站信息一览

序号	站名	站类	测验要素	属性
1	林县	雨量站	降水量	全年
2	姚村	雨量站	降水量	全年
3	南陵阳	雨量站	降水量	汛期
4	河顺	雨量站	降水量	全年
5	东姚	雨量站	降水量	全年

3.13.3　安阳水文站

(1)测站简介。

安阳水文站位于安阳河右岸安阳市北关区安家庄,1921年7月由顺直水利委员会设立,现由河南省安阳水文水资源勘测局管理。测站是安阳河上的控制站,流域面积618 km^2,属国家二级水文站。流域多年平均降雨量552.6 mm,多年平均径流量2.783亿 m^3。

安阳水文站观测项目有水位、流量、降水量、单沙、输沙率、比降、水质。现有测流断面,主要测验设施有测船、浮标测流,主要测验方式为低水时采用测船,中水时采用测船,高水时采用浮标。

（2）水位—流量关系曲线及大断面图。

安阳水文站水位—流量关系曲线及大断面图见图3.13.5。

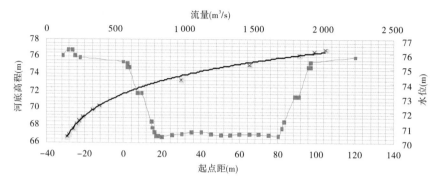

图3.13.5　安阳水文站水位—流量关系曲线及大断面图

（3）水文站平面布设图。

安阳水文站平面布设图见图3.13.6。

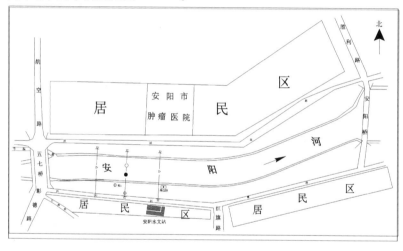

图3.13.6　安阳水文站平面布设图

（4）测流方案。

测流方案见表3.13.5。

表3.13.5　测流方案

水情级别	高水	中水	低水	枯水
水位级（m）	>71.00	69.00~71.00	67.80~69.00	<67.80
测流方法	浮标	测船	测船	测船

（5）属站管理。

各属站信息见表3.13.6。

表 3.13.6　属站信息一览

序号	站名	站类	测验要素	属性
1	冯宿	雨量站	降水量	全年
2	马投涧	雨量站	降水量	全年
3	东何坟	雨量站	降水量	汛期
4	李珍	雨量站	降水量	全年
5	白壁	雨量站	降水量	全年
6	二十里铺	雨量站	降水量	全年

3.13.4　五陵水文站

（1）测站简介。

五陵水文站位于卫河左岸,安阳市汤阴县五陵镇五陵村,1983 年 1 月由河南省水文总站设立,现由河南省安阳水文水资源勘测局管理。测站是卫河控制站,流域面积 9 397 km²,属国家一级重要水文站。流域多年平均降雨量 593.3 mm,多年平均径流量 8.37 亿 m³。

五陵水文站观测项目有水位、流量、降水量、水质、水温、冰情、墒情、水文调查。现有测流断面;主要测验设施有缆道;主要测验方式为低水时采用缆道,中水时采用缆道,高水时采用缆道。

（2）水位—流量关系曲线及大断面图。

五陵水文站水位—流量关系曲线及大断面图见图 3.13.7。

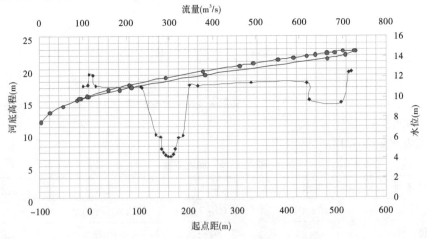

图 3.13.7　五陵水文站水位—流量关系曲线及大断面图

（3）水文站平面布设图。

五陵水文站平面布设图见图 3.13.8。

（4）测流方案。

测流方案见表 3.13.7。

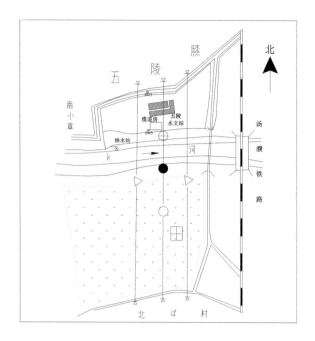

图 3.13.8　五陵水文站平面布设图

表 3.13.7　测流方案

水情级别	高水	中水	低水	枯水
水位级（m）	>12.00	10.00~12.00	8.50~10.00	<8.50
测流方法	缆道	缆道	缆道	缆道

（5）属站管理。

各属站信息见表 3.13.8。

表 3.13.8　属站信息一览表

序号	站名	站类	测验要素	属性
1	道口	雨量站	降水量	全年
2	牛屯	雨量站	降水量	全年
3	东申寨	雨量站	降水量	全年

3.13.5　天桥断（二）水文站

（1）测站简介。

天桥断（二）水文站位于浊漳河右岸,林州市任村镇穆家庄,1958 年 6 月由河北省水利厅设立,现由河南省安阳水文水资源勘测局管理,为浊漳河上的控制站,流域面积 11 196 km²,属国家一级重要水文站。流域多年平均降雨量583.2 mm,多年平均径流量 7.672 亿 m³。

天桥断（二）水文站观测项目有流量、水位、降水量、含沙量、蒸发、墒情、水质、水温、冰情、水文调查、比降。现有测流断面;主要测验设施有缆道、浮标;主要测验方式为低水时采用涉水,中水时采用缆道,高水时采用浮标。

(2)水位—流量关系曲线及大断面图。

天桥断(二)水文站水位—流量关系曲线及大断面图见图3.13.9。

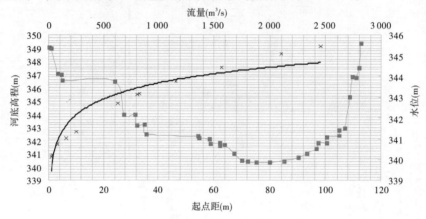

图 3.13.9 天桥断(二)水文站水位—流量关系曲线及大断面图

(3)水文站平面布设图。

天桥断(二)水文站平面布设图见图3.13.10。

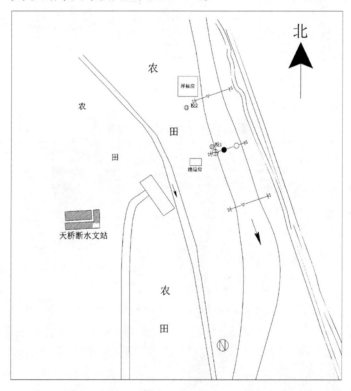

图 3.13.10 天桥断(二)水文站平面布设图

（4）测流方案。

测流方案见表3.13.9。

表3.13.9　测流方案

水情级别	高水	中水	低水	枯水
水位级(m)	>344.00	342.20～344.00	341.40～342.20	<341.40
测流方法	浮标	缆道	涉水	涉水

（5）属站管理。

各属站信息见表3.13.10。

表3.13.10　属站信息一览

序号	站名	站类	测验要素	属性
1	任村	雨量站	降水量	全年
2	南谷洞	雨量站	降水量	全年
3	石楼	雨量站	降水量	汛期
4	石板岩	雨量站	降水量	汛期
5	天桥断	水位站(红旗渠)	水位	全年

3.13.6　内黄水文站

（1）测站简介。

内黄水文站位于硝河右岸安阳市内黄县城关镇,1982年6月由河南省水文总站设立,现由河南省安阳水文水资源勘测局管理。测站是硝河上的控制站,流域面积394 km²,属省三级重要水文站。流域多年平均降雨量572.6 mm。

内黄水文站观测项目有流量、水位、降水量、墒情、水量调查。现有测流断面;主要测验设施有桥测流速仪;主要测验方式为低水时采用桥测,中水时采用桥测,高水时采用桥测。

（2）大断面图。

内黄水文站大断面图见图3.13.11。

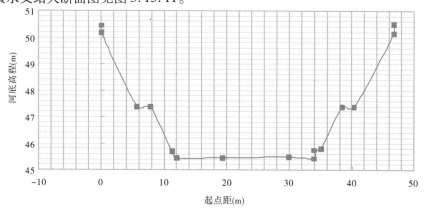

图3.13.11　内黄水文站大断面图

（3）水文站平面布设图。

内黄水文站平面布设图见图3.13.12。

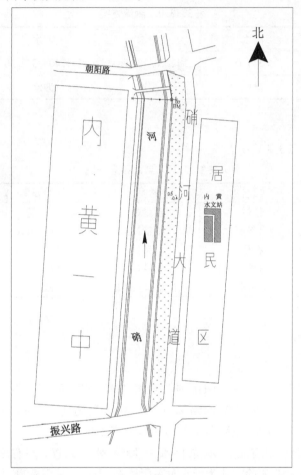

图3.13.12 内黄水文站平面布设图

（4）测流方案。

测流方案见表3.13.11。

表3.13.11 测流方案

水情级别	高水	中水	低水	枯水
水位级（m）	>48.00	47.20~48.00	46.50~47.20	<46.50
测流方法	桥测	桥测	桥测	涉水

（5）属站管理。

各属站信息见表3.13.12。

表 3.13.12　属站信息一览

序号	站名	站类	测验要素	属性
1	千口	雨量站	降水量	全年
2	东大城	雨量站	降水量	全年
3	甘庄	雨量站	降水量	汛期
4	大性	雨量站	降水量	汛期
5	高汉	雨量站	降水量	全年

3.13.7　弓上水库水文站

（1）测站简介。

弓上水库水文站位于淅河林州市河涧镇河西村,1956 年 6 月由河南省水利厅设立,现由河南省安阳水文水资源勘测局管理。测站是淅河水库站,流域面积 624 km²,属省三级重要水文站。流域多年平均降雨量 722.9 mm。

弓上水库水文站观测项目有水位、降水量、冰情。现有基本水尺断面,主要测验设施有水尺。

（2）水位—库容曲线图。

弓上水库水位—库容关系曲线见图 3.13.13。

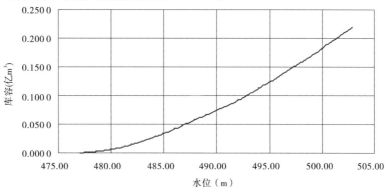

图 3.13.13　弓上水库水位—库容关系曲线

（3）水文站平面布设图。

弓上水文站平面布设图见图 3.13.14。

（4）属站管理。

各属站信息见表 3.13.13。

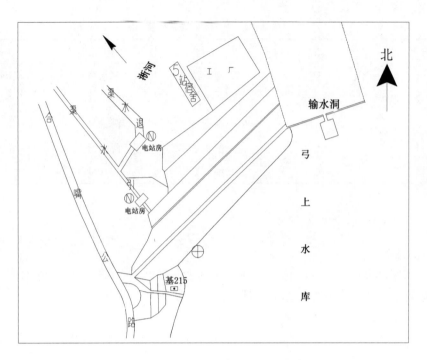

图 3.13.14　弓上水文站平面布设图

表 3.13.13　属站信息一览

序号	站名	站类	测验要素	属性
1	马家庄	雨量站	降水量	全年
2	桥上	雨量站	降水量	全年
3	小店	雨量站	降水量	汛期
4	临淇	雨量站	降水量	全年
5	口上	雨量站	降水量	汛期
6	茶店	雨量站	降水量	全年
7	大峪	雨量站	降水量	全年
8	小屯	雨量站	降水量	汛期

3.13.8　小河子水文站

(1)测站简介。

小河子水文站位于汤河安阳市汤阴县韩庄乡小河子村,1952 年由平原省人民政府设立,现由河南省安阳水文水资源勘测局管理。测站是汤河水库水位站,流域面积 166 km²,属省二级重要水文站。流域多年平均降雨量 582.8 mm。

小河子水文站观测项目有水位、降水量、水质、冰情,现有基本水尺断面。

(2)水位—库容曲线图。

小河子水库水位—库容关系曲线见图3.13.15。

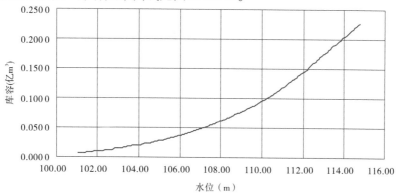

图3.13.15 小河子水库水位—库容关系曲线图

（3）水文站平面布设图。

小河子水文站平面布设图见图3.13.16。

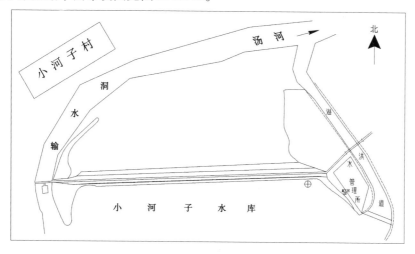

图3.13.16 小河子水文站平面布设图

3.14 鹤壁辖区水文站

3.14.1 刘庄水文站

（1）测站简介。

刘庄水文站位于共产主义渠右岸鹤壁市浚县刘庄村,1962年7月由河南省水利厅设立,现由河南省鹤壁水文水资源勘测局管理。测站是共产主义渠上的控制站,流域面积8 427 km²,属省级重要水文站。流域多年平均降雨量595.0 mm。

刘庄水文站观测项目有水位、流量、单样含沙量、水文调查、冰情、比降。现有基本水尺断面、流速仪测流断面、比降断面;主要测验设施有测船1艘、桥测车1辆、自记井1座;

主要测验方式为低水时采用涉水,中水时采用测船,高水时采用测船或浮标。

（2）水位—流量关系曲线及大断面图。

刘庄水文站水位—流量关系曲线及大断面图见图3.14.1。

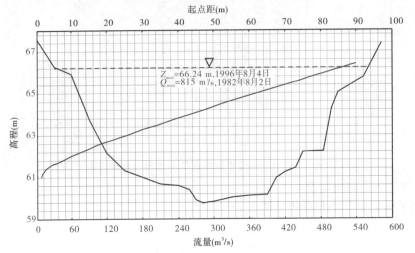

图 3.14.1　刘庄水文站水位—流量关系曲线及大断面图

（3）水文站平面布设图。

刘庄水文站平面布设图见图3.14.2。

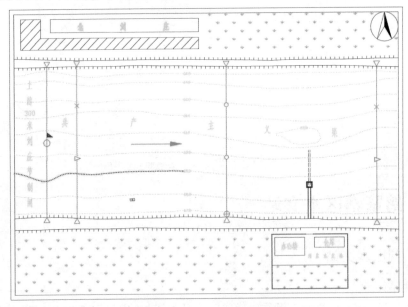

图 3.14.2　刘庄水文站平面布设图

（4）测流方案。

测流方案见表3.14.1。

表 3.14.1　测流方案

水情级别	高水	中水	低水	枯水
水位级(m)	>64.50	62.50~64.50	61.50~62.50	<61.50
测流方法	测船或浮标	测船	涉水	涉水

(5)属站管理。

各属站信息见表 3.14.2。

表 3.14.2　属站信息一览

序号	站名	站类	测验要素	属性
1	湾子	雨量站	雨量	全年
2	屯子	雨量站	雨量	汛期

3.14.2　盘石头水库水文站

(1)测站简介。

盘石头水库水文站位于淇河左岸鹤壁市大河涧乡弓家庄村,2008 年 5 月由河南省水文水资源局设立,现由河南省鹤壁水文水资源勘测局管理。测站是卫河一级支流淇河上盘石头水库的出库控制站,流域面积 1 915 km²,属国家级重要水文站。流域多年平均降雨量 720 mm,多年平均径流量 3.60 亿 m³。

盘石头水库水文站观测项目有降水、水位、流量、蒸发、水文调查、水质。现有坝上基本水尺断面、坝下基本水尺断面和缆道测流断面;主要测验设施有自记井 1 座、水文缆道 1 座。

(2)水位—库容及水位—泄量关系曲线图。

盘石头水库水位—库容及水位—泄量关系曲线见图 3.14.3。

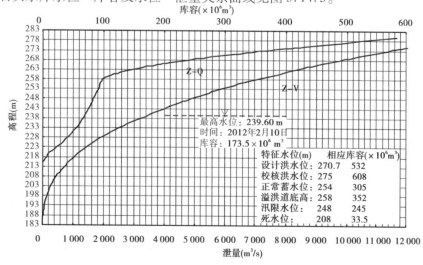

图 3.14.3　盘石头水库水位—库容及水位—泄量关系曲线

（3）水文站平面布设图。

盘石头水库水文站平面布设图见图3.14.4。

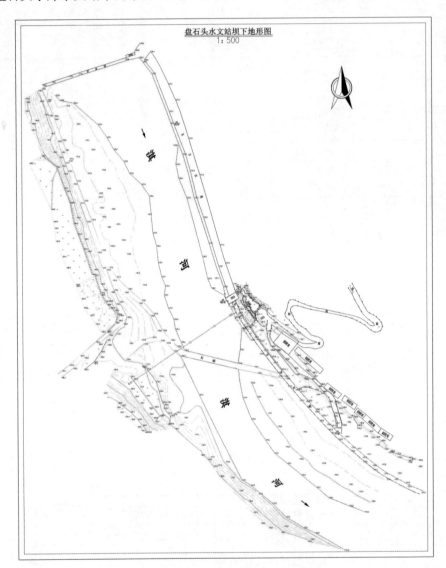

图 3.14.4　盘石头水库水文站平面布设图

（4）测流方案。

测流方案见表3.14.3。

表3.14.3　测流方案

泄水建筑物	溢洪道	泄洪洞	电站	输水洞
测流方式	缆道	缆道	桥测	涉水

（5）属站管理。

各属站信息见表3.14.4。

表3.14.4　属站信息一览

序号	站名	站类	测验要素	属性
1	鹤壁	雨量站	雨量	全年
2	施家沟	雨量站	雨量	汛期

3.14.3　淇门水文站

（1）测站简介。

淇门水文站位于卫河左岸鹤壁市浚县新镇乡李庄,1951年7月由安阳专署设立,现由河南省鹤壁水文水资源勘测局管理。测站是卫河中上游控制站,流域面积8 427 km²,属国家重点一级水文站。流域多年平均降雨量595.0 mm。

淇门水文站观测项目有降水、水位、流量、蒸发、单样含沙量、水质、冰情、墒情、比降、水文调查、初终霜。现有基本水尺断面、流速仪测流断面、浮标测流断面、比降断面;主要测验设施有缆道一座,压力式水位计1座;主要测验方式为低水时采用涉水,中水时采用缆道,高水时采用缆道或浮标。

（2）水位—流量关系曲线及大断面图。

淇门水文站水位—流量关系曲线及大断面图见图3.14.5。

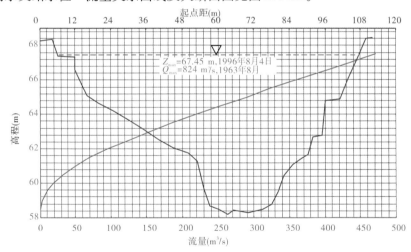

图3.14.5　淇门水文站水位—流量关系曲线及大断面图

（3）水文站平面布设图。

淇门水文站平面布设图见图3.14.6。

（4）测流方案。

测流方案见表3.14.5。

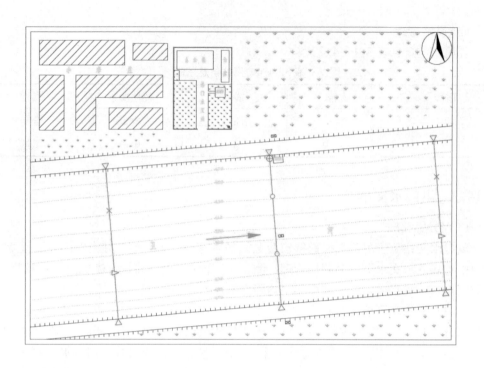

图3.14.6 淇门水文站平面布设图

表3.14.5 测流方案

水情级别	高水	中水	低水	枯水
水位级(m)	>64.50	62.50～64.50	60.20～62.50	<60.20
测流方法	缆道或浮标	缆道	缆道、涉水	涉水

(5)属站管理。

各属站信息见表3.14.6。

表3.14.6 属站信息一览

序号	站名	站类	测验要素	属性
1	白寺	雨量站	雨量	常年
2	迎阳铺	雨量站	雨量	汛期

3.14.4 新村水文站

(1)测站简介。

新村水文站位于淇河北岸鹤壁市淇滨区庞村镇新村,1952年6月由中央水利部华北工程总局设立,现由河南省鹤壁水文水资源勘测局管理。测站是卫河一级支流淇河上的控制站。

新村水文站观测项目有降水、水位、流量、单样含沙量、蒸发、水质、水文调查等。现有基本水尺断面、缆道测流断面、基上 1 000 m 测流断面;主要测验设施有缆道、浮标投掷器、自记水位井;主要测验方式:低水时采用基上 1 000 m 涉水,中水时采用缆道,高水时采用浮标。

(2)水位—流量关系曲线及大断面图。

新村水文站水位—流量关系曲线及大断面图见图 3.14.7。

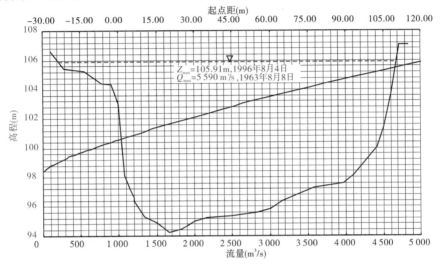

图 3.14.7 新村水文站水位—流量关系曲线及大断面图

(3)水文站平面布设图。

新村水文站平面布设图见图 3.14.8。

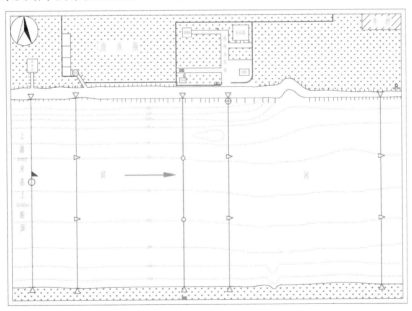

图 3.14.8 新村水文站平面布设图

（4）测流方案。

测流方案见表 3.14.7。

表 3.14.7　测流方案

水情级别	高水	中水	低水	枯水
水位级（m）	≥100.00	98.60~100	<98.60	
测流方法	浮标	缆道	基上 1 000 m 涉水	

（5）属站管理。

各属站信息见表 3.14.8。

表 3.14.8　属站信息一览

序号	站名	站类	测验要素	属性
1	朝歌	雨量站	雨量	全年
2	前嘴	雨量站	雨量	全年
3	大柏峪	雨量站	雨量	全年
4	申屯	雨量站	雨量	汛期
5	赵庄	雨量站	雨量	汛期

3.15　濮阳辖区水文站

3.15.1　范县水文站

（1）测站简介。

范县水文站位于金堤河右岸濮阳市范县新区建设路,1955 年由河南省水文总站设立,现由河南省濮阳水文水资源勘测局管理,测站是黄河一级支流金堤河上的控制站,流域面积 4 277 km²,属省级重要水文站。流域多年平均降雨量 606.4 mm,多年平均径流量 1.66 亿 m³。

范县水文站观测项目有降水、水位、流量、单样含沙量、水文调查、水质、初终霜、冰情、墒情。现有基本水尺断面、流速仪测流断面;主要测验设施有桥测车 1 辆、流速仪 4 部;主要测验方式:低、中、高水时以流速仪法(桥测)为主。

（2）水位—流量关系曲线及大断面图。

范县水文站水位—流量关系曲线及大断面图见图 3.15.1。

（3）水文站平面布设图。

范县水文站平面布设图见图 3.15.2。

（4）测流方案。

测流方案见表 3.15.1。

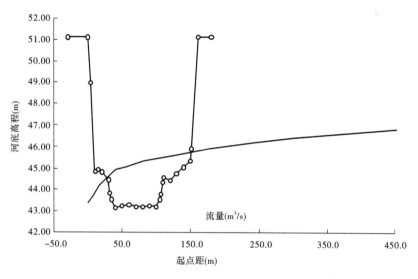

图 3.15.1 范县水文站水位—流量关系曲线及大断面图

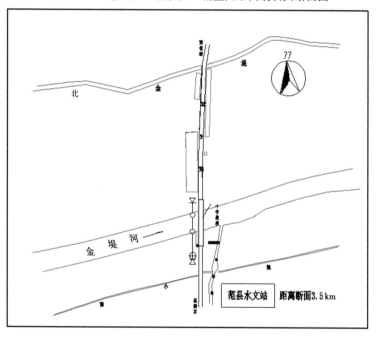

图 3.15.2 范县水文站平面布设图

表 3.15.1 测流方案

水情级别	高水	中水	低水	枯水
水位级(m)	>45.30	44.64~45.30	43.50~44.64	<43.50
测流方法	流速仪法	流速仪法	流速仪法	小浮标

(5)属站管理。

各属站信息见表3.15.2。

217

表 3.15.2　属站信息一览

序号	站名	站类	测验要素	属性
1	濮城	雨量站	雨量	全年
2	马楼	雨量站	雨量	全年
3	龙王庄	雨量站	雨量	全年

3.15.2　南乐水文站

（1）测站简介。

南乐水文站位于马颊河右岸,河南省南乐县谷金楼乡后平邑村,测站于 1955 年设立,现由河南省濮阳水文水资源勘测局管理,测站为海河流域马颊河水系马颊河主要控制站,流域面积 1 166 km²,属省级重要水文站。流域多年平均降雨量 544.3 mm,多年平均径流量 0.66 亿 m³。

南乐水文站观测项目有降水、水位、流量、蒸发量、水文调查、水质、初终霜、水温、墒情。现有基本水尺断面、流速仪测流断面;主要测验设施有桥测车 1 辆、流速仪 2 部;主要测验方式以流速仪法为主。

（2）水位—流量关系曲线及大断面图。

南乐水文站水位—流量关系曲线及大断面图见图 3.15.3。

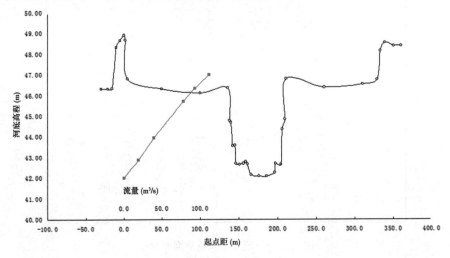

图 3.15.3　南乐水文站水位—流量关系曲线及大断面图

（3）水文站平面布设图。

南乐水文站平面布设图见图 3.15.4。

（4）测流方案。

测流方案见表 3.15.3。

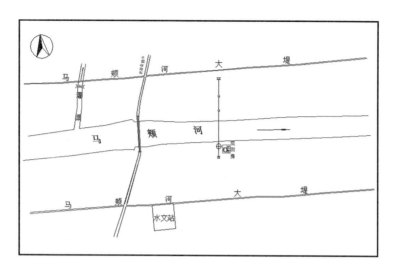

图 3.15.4　南乐水文站平面布设图

表 3.15.3　测流方案

水情级别	高水	中水	低水	枯水
水位级(m)	>46.00	44.00 ~ 46.00	43.00 ~ 44.00	<43.00
测流方法	流速仪法	流速仪法	流速仪法	流速仪法

(5)属站管理。

各属站信息见表 3.15.4。

表 3.15.4　属站信息一览

序号	站名	站类	测验要素	属性
1	清丰	雨量站	雨量	全年
2	仙庄	雨量站	雨量	全年
3	大流	雨量站	雨量	汛期

3.15.3　濮阳水文站

(1)测站简介。

濮阳水文站位于金堤河右岸河南省濮阳县城关镇南堤村,测站于 1955 年 6 月设为水位站,现由河南省濮阳水文水资源勘测局管理。测站为黄河流域黄河水系金堤河主要控制站,流域面积 3 237 km²,属省级重要水文站。流域多年平均降雨量 606.4 mm,多年平均径流量 1.66 亿 m³。

濮阳水文站观测项目有降水、水位、流量、蒸发量、水文调查、水质、初终霜、水温、墒情。现有基本水尺断面、流速仪测流断面;主要测验设备:桥侧车 1 辆、流速仪 5 部、电波流速仪 1 部;主要测验方式为中、高水时以流速仪法(桥测)为主。

(2)水位—流量关系曲线及大断面图。

濮阳水文站水位—流量关系曲线及大断面图见图3.15.5。

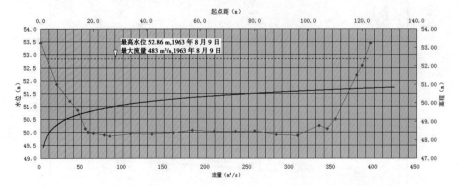

图 3.15.5　濮阳水文站水位—流量关系曲线及大断面图

（3）水文站平面布设图。

濮阳水文站平面布设图见图3.15.6。

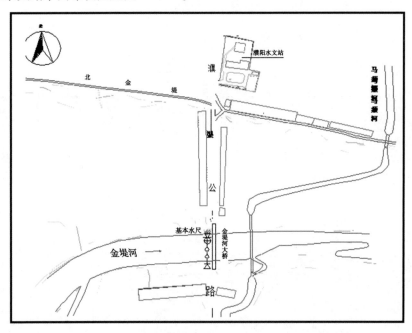

图 3.15.6　濮阳水文站平面布设图

（4）测流方案。

测流方案见表3.15.5。

表 3.15.5　测流方案

水情级别	高水	中水	低水	枯水
水位级（m）	＞50.67	49.96～50.67	49.53～49.96	＜49.53
测流方法	流速仪法	流速仪法	流速仪法	流速仪法

（5）属站管理。

各属站信息见表 3.15.6。

表 3.15.6　属站信息一览

序号	站名	站类	测验要素	属性
1	黄城	雨量站	雨量	全年
2	柳屯	雨量站	雨量	全年
3	孔村	雨量站	雨量	全年
4	王辛庄	雨量站	雨量	全年
5	白道口	雨量站	雨量	全年
6	中召	雨量站	雨量	全年
7	徐镇	雨量站	雨量	全年
8	上官村	雨量站	雨量	全年
9	丁栾	雨量站	雨量	汛期
10	中辛庄	雨量站	雨量	汛期
11	许村	雨量站	雨量	汛期

3.15.4　元村集水文站

（1）测站简介。

元村集水文站位于卫河右岸河南省南乐县元村镇,1979 年楚旺水文站下迁到此,称元村集水文站,现由河南省濮阳水文水资源勘测局管理,测站为海河流域南运河水系卫河主要控制站,流域面积 14 286 km²,属国家级重点站。流域多年平均降雨量 600.0 mm,多年平均径流量 18.3 亿 m³。

濮阳水文站观测项目有降水、水位、流量、单样含沙量、输沙率、水文调查、比降、水质、初终霜、水温、冰情、墒情。现有基本水尺断面、流速仪测流断面;主要测验设施有桥测车1 辆、流速仪 6 部;主要测验方式为中、高水时以流速仪法（桥测）为主。

（2）水位—流量关系曲线及大断面图。

元村集水文站水位—流量关系曲线及大断面图见图 3.15.7。

（3）水文站平面布设图。

元村集水文站平面布设图见图 3.15.8。

（4）测流方案。

测流方案见表 3.15.7。

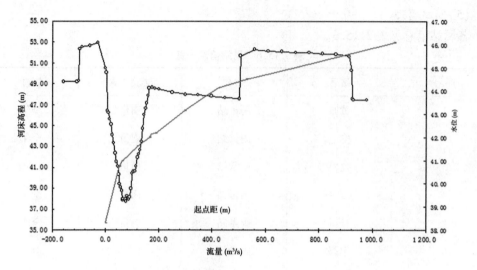

图 3.15.7   元村集水文站水位—流量关系曲线及大断面图

图 3.15.8   元村集水文站平面布设图

表 3.15.7   测流方案

水情级别	高水	中水	低水	枯水
水位级(m)	>40.90	39.50~40.90	38.80~39.50	<38.80
测流方法	流速仪法	流速仪法	流速仪法	流速仪法

(5)属站管理。

各属站信息见表3.15.8。

表 3.15.8　属站信息一览

序号	站名	站类	测验要素	属性
1	西元村	雨量站	雨量	全年
2	北张集	雨量站	雨量	全年

3.16　开封辖区水文站

3.16.1　大王庙水文站

（1）测站简介。

大王庙水文站位于淮河流域,涡河水系,惠济河上,东经 114°51′,北纬 34°33′,距西南杞县县城 5 km。测站于 1964 年设立,为黄泛区沙碱湿洼区域代表站,控制流域面积 1 265 km²,干流全长 71.0 km,有四大支流,分别为马家河、惠北泄水渠、泊慈沟、淤泥河。测站所属 11 个雨量站,其中 6 个报汛站,1 个测流断面。测验河段顺直,夏秋两岸滩地有庄稼,基本断面附近无障碍,河床为壤土,冲淤变化不大,上游 1 000 m 有李岗闸,测验情况受闸门控制,低水时涉水测,高水时桥上测;下游 15 km 有板桥闸对测流有影响。

（2）水位—流量关系曲线及大断面图。

大王庙水文站水位—流量关系曲线及大断面图见图 3.16.1。

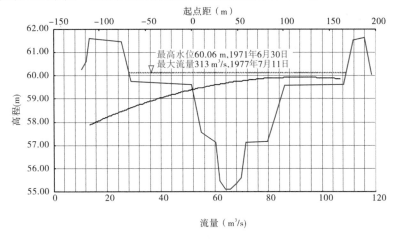

图 3.16.1　大王庙水文站水位—流量关系曲线及大断面图

（3）水文站平面布设图。

大王庙水文站平面布设图见图 3.16.2。

（4）测流方案。

测流方案见表 3.16.1。

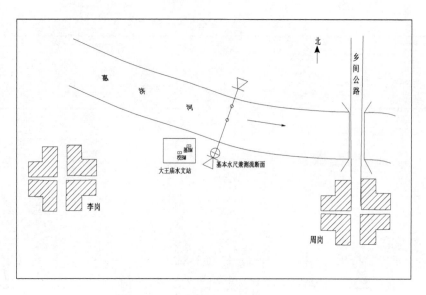

图 3.16.2　大王庙水文站平面布设图

表 3.16.1　测流方案

水情级别	高水	中水	低水	枯水
水位级(m)	>58.00	56.00~58.00	55.40~56.00	<55.40
测流方法	桥测、浮标	缆道	缆道、涉水	

（5）属站管理。

各属站信息见表 3.16.2。

表 3.16.2　属站信息一览

序号	站名	站类	测验要素	属性
1	兰考	雨量站	雨量	全年
2	张君墓	雨量站	雨量	全年
3	堌阳	雨量站	雨量	汛期
4	南彰	雨量站	雨量	汛期
5	东坝头	雨量站	雨量	汛期
6	沙沃	雨量站	雨量	汛期
7	圉镇	雨量站	雨量	汛期
8	板木	雨量站	雨量	全年
9	柿园	雨量站	雨量	全年
10	晃村	雨量站	雨量	全年
11	大王庙	水文站	雨量	全年

3.16.2 邸阁水文站

(1)测站简介。

邸阁水文站位于淮河支流涡河上,东经114°29′,北纬34°21′。北距通许县城15 km,测站于1977年设立,为平原区域代表站,控制流域面积898 km²,水文站以上干流全长40.0 km。上游有惠贾渠、孙城河、百邸沟三大支流。测站所属6个雨量站,1个测流断面。测验河段顺直,夏秋两岸滩地有庄稼,基本断面附近无障碍,河床为壤土,冲淤变化不大,上游8.8 km有裴庄闸,下游8.0 km有箍桶刘闸,测验受上下游闸影响。高水时用水文缆道测流,低水时在断面下150 m桥上测流。

(2)水位—流量关系曲线及大断面图。

邸阁水文站水位—流量关系曲线及大断面图见图3.16.3。

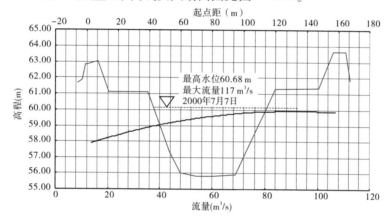

图3.16.3 邸阁水文站水位—流量关系曲线及大断面图

(3)水文站平面布设图。

邸阁水文站平面布设图见图3.16.4。

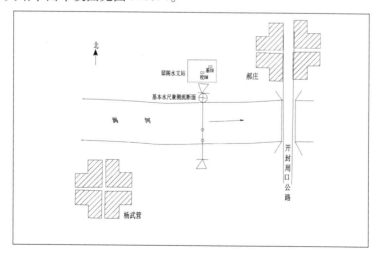

图3.16.4 邸阁水文站平面布设图

(4)测流方案。

测流方案见表3.16.3。

表3.16.3 测流方案

水情级别	高水	中水	低水	枯水
水位级(m)	>59.50	58.00~59.50	57.00~58.00	<57.00
测流方法	桥测、浮标	缆道	缆道	

(5)属站管理。

各属站信息见表3.16.4。

表3.16.4 属站信息一览

序号	站名	站类	测验要素	属性
1	通许	雨量站	雨量	全年
2	孙营	雨量站	雨量	汛期
3	张市	雨量站	雨量	汛期
4	小城	雨量站	雨量	汛期
5	赤仓	雨量站	雨量	全年
6	邸阁	雨量站	雨量	全年

3.16.3 西黄庄水文站

(1)测站简介。

西黄庄水文站位于淮河流域,颍河水系,康沟河上,东经114°09′,北纬34°18′。北距尉氏县县城15 km,测站于1966年设立,为平原区区域代表站,干流全长37 km,流域面积454 km²。测站上游1.5 km有杜公河自右岸汇入,上游8.5 km处有刘麦河自左岸汇入。测站所属6个雨量站,1个测流断面。测验河段顺直,夏秋两岸滩地有庄稼,基本断面附近无障碍,河床为壤土,冲淤变化不大。高水时用水文缆道测流,低水时涉水测流。

(2)水文站平面布设图。

西黄庄水文站平面布设图见图3.16.5。

(3)属站管理。

各属站信息见表3.16.5。

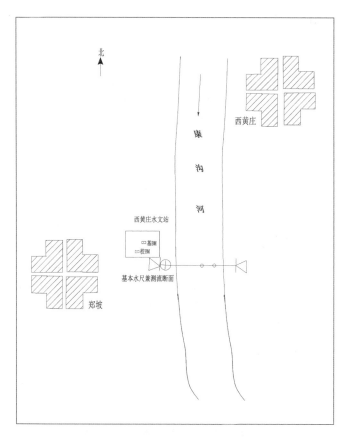

图 3.16.5 西黄庄水文站平面布设图

表 3.16.5 属站信息一览

序号	站名	站类	测验要素	属性
1	歇马营	雨量站	雨量	全年
2	大营	雨量站	雨量	全年
3	大桥	雨量站	雨量	汛期
4	西黄庄	雨量站	雨量	全年
5	韩佐	雨量站	雨量	全年
6	洧川	雨量站	雨量	全年

3.17 洛阳辖区水文站

3.17.1 紫罗山水文站

(1)测站简介。

紫罗山水文站位于北汝河左岸洛阳市汝阳县小店镇紫罗山坡下,1951 年 2 月由治淮委员会设立,现由河南省洛阳水文水资源勘测局管理。测站是沙颍河二级支流北汝河上的控制站,流域面积 1 800 km²,属国家级重要水文站。流域多年平均降雨量 671.9 mm,多年平均径流量 4.75 亿 m³。

紫罗山水文站观测项目有降水、水位、流量、单样含沙量、输沙率、蒸发、水质、初终霜、水温、墒情。现有基本水尺断面、流速仪测流断面、比降上断面、比降下断面、浮标上断面、浮标下断面;主要测验设施有缆道 1 座,自记井 1 座;主要测验方式:低水时采用涉水,中水时采用缆道,高水时采用浮标。

(2)水位—流量关系曲线及大断面图。

紫罗山水文站水位—流量关系曲线及大断面图见图 3.17.1。

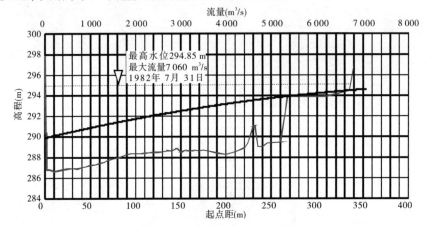

图 3.17.1　紫罗山水文站水位—流量关系曲线及大断面图

(3)水文站平面布设图。

紫罗山水文站平面布设图见图 3.17.2。

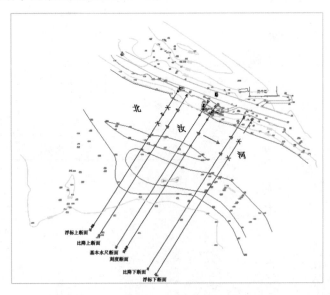

图 3.17.2　紫罗山水文站平面布设图

（4）测流方案。

测流方案见表3.17.1。

表3.17.1 测流方案

水情级别	高水	中水	低水	枯水
水位级（m）	≥292.0	290.00~292.00	288.00~290.00	<288.00
测流方法	浮标	缆道	桥测车、涉水	涉水

（5）属站管理。

各属站信息见表3.17.2。

表3.17.2 属站信息一览

序号	站名	站类	测验要素	属性
1	娄子沟	水位、雨量站	水位、雨量	全年
2	孙店	雨量站	雨量	全年
3	龙王庙	雨量站	雨量	全年
4	两河口	雨量站	雨量	全年
5	木植街	雨量站	雨量	全年
6	黄庄	雨量站	雨量	全年
7	沙坪	雨量站	雨量	全年
8	付店	雨量站	雨量	全年
9	十八盘	雨量站	雨量	全年
10	秦亭	雨量站	雨量	全年
11	三屯	雨量站	雨量	全年
12	王坪	雨量站	雨量	全年
13	排路	雨量站	雨量	全年
14	蝉蟥	雨量站	雨量	全年

3.18 三门峡辖区水文站

3.18.1 窄口水文站

（1）测站简介。

窄口水文站位于河南省灵宝市五亩乡长桥村窄口水库大坝下游右岸台地上，东经110°47′，北纬34°23′。属于黄河流域黄河水系，是窄口水库的控制站。本站设于1973年，测验项目主要有降水、蒸发、水位、流量、水质、水温、墒情等。

窄口水文站控制流域面积903 km², 测验河段位于大坝下游约500 m 处, 较顺直, 砂卵石河床, 冲淤变化不大, 右岸为滩地, 流量达300 m³/s 时开始漫滩。该站多年平均降雨量为685.0 mm, 历年最大降雨量为865.6 mm。建站以来, 实测最大日降水量为95.4 mm (1971 年6 月28 日), 实测最高水位为642.51 m(2003 年10 月13 日), 蓄水量1.04 亿m³, 实测最大出库流量为156 m³/s(1990 年6 月24 日)。

现有电站出流断面和坝下水位流量断面, 平时只有电站出流, 水库泄洪闸放水才流经坝下断面。

(2)水位—库容关系曲线及水位—泄量关系曲线图。

窄口水库水文站水位—库容关系曲线图见图3.18.1。

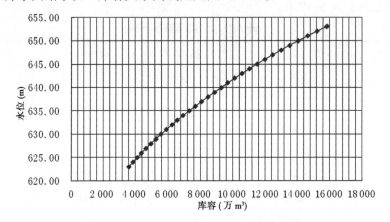

图3.18.1　窄口水库水文站水位—库容关系曲线

窄口水库水位—泄量关系曲线见图3.18.2。

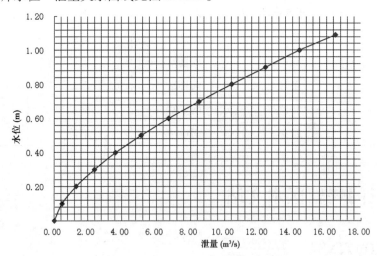

图3.18.2　窄口水库水位—泄量关系图

(3)水文站平面布设图。

窄口水库水文站平面布设图见图3.18.3。

(4)测流方案。

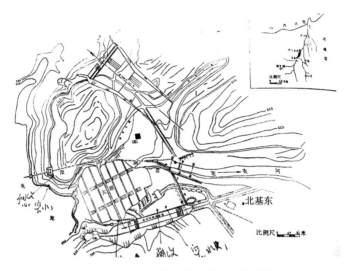

图3.18.3　窄口水库水文站平面布设图

测流方案见表3.18.1。

表3.18.1　测流方案

泄水建筑物	溢洪道	非常溢洪道	泄洪洞	电站	输水洞
测流方式	水工建筑物	调查		流速仪	

（5）属站管理。

各属站信息见表3.18.2。

表3.18.2　属站信息一览

序号	站名	站类	测验要素	属性
1	朱阳	水位站	水位、雨量	全年
2	犁牛河	雨量站	雨量	全年
3	大村	雨量站	雨量	全年
4	董家埝	雨量站	雨量	全年
5	干解原	雨量站	雨量	全年
6	石坡湾	雨量站	雨量	全年

第4章 各站洪水频率曲线图及计算成果

本章主要引用河南省水情手册中水文站历年最大流量实测数据,对部分站的洪水频率曲线区进行了绘制,并对各站的计算成果进行了统计。

以下各站图表为根据新中国成立以后实测资料推制,未考虑历史最大洪水,不作为工程计算应用。

(1)天桥断水文站。

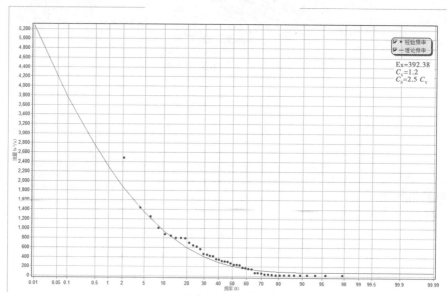

图4.1 天桥断水文站洪水频率曲线

表4.1 天桥断水文站洪水频率计算成果

统计年份	均值	C_v	C_s/C_v	各种重现期洪峰(m³/s)				
1961~2006	390.00	1.20	2.5	5 年	10 年	20 年	50 年	100 年
				590	950	1 330	1 880	2 300

(2)刘庄水文站。

表4.2 刘庄水文站洪水频率计算成果

统计年份	均值	C_v	C_s/C_v	各种重现期洪峰(m³/s)				
1963~2006	160.00	1.34	2.5	5 年	10 年	20 年	50 年	100 年
				236	401	586	848	1 060

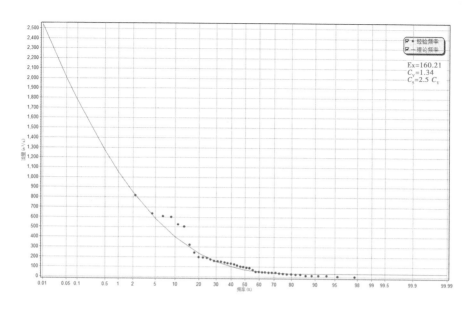

图 4.2   刘庄水文站洪水频率曲线

（3）修武水文站。

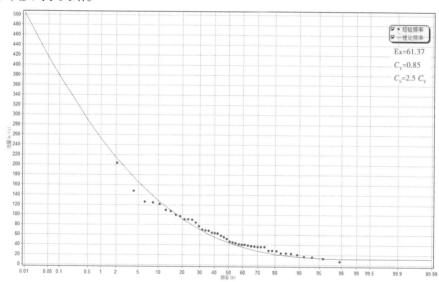

图 4.3   修武水文站洪水频率曲线

表 4.3   修武水文站洪水频率计算成果

统计年份	均值	C_v	C_s/C_v	各种重现期洪峰（m³/s）				
1963~2006	61.00	0.85	2.5	5 年	10 年	20 年	50 年	100 年
				92	129	166	215	253

（4）大王庙水文站。

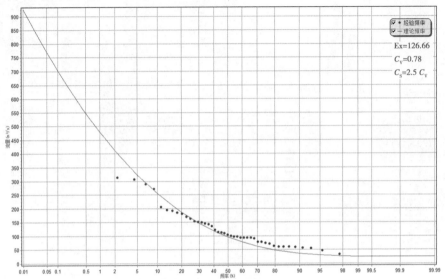

图 4.4 大王庙水文站洪水频率曲线

表 4.4 大王庙水文站洪水频率计算成果

统计年份	均值	C_v	C_s/C_v	各种重现期洪峰（m³/s）				
1964~2006	127	0.78	2.5	5 年	10 年	20 年	50 年	100 年
				188	256	324	413	480

（5）紫罗山水文站。

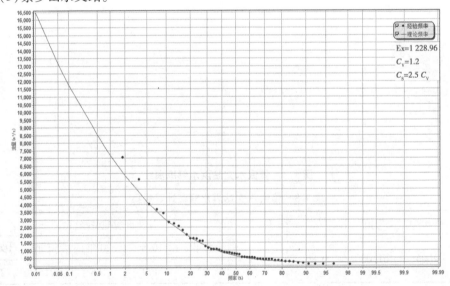

图 4.5 紫罗山水文站洪水频率曲线

表 4.5　紫罗山水文站洪水频率计算成果

统计年份	均值	C_v	C_s/C_v	各种重现期洪峰（m³/s）				
				5 年	10 年	20 年	50 年	100 年
1964～2006	1 229	1.2	2.5	1 850	2 970	4 180	5 880	7 200

（6）漯河水文站。

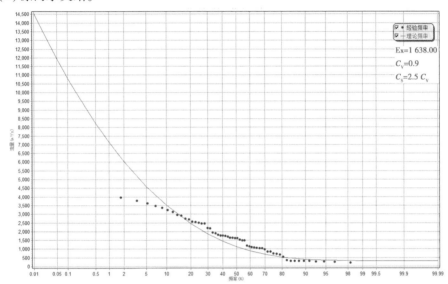

图 4.6　漯河水文站洪水频率曲线

表 4.6　漯河水文站洪水频率计算成果

统计年份	均值	C_v	C_s/C_v	各种重现期洪峰（m³/s）				
				5 年	10 年	20 年	50 年	100 年
1951～2006	1 638.00	0.90	2.5	2 470	3 520	4 600	6 040	7 140

（7）马湾水文站。

表 4.7　马湾水文站洪水频率计算成果

统计年份	均值	C_v	C_s/C_v	各种重现期洪峰（m³/s）				
				5 年	10 年	20 年	50 年	100 年
1958～2006	1 103.00	0.95	2.5	1 670	2 430	3 210	4 260	5 070

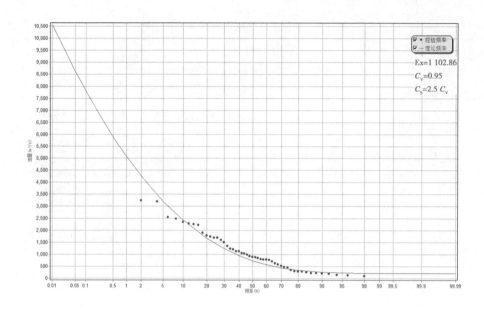

图 4.7　马湾水文站洪水频率曲线

（8）白土岗水文站。

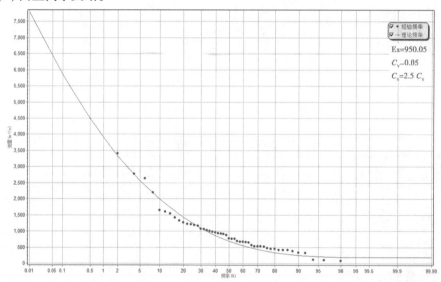

图 4.8　白土岗水文站洪水频率曲线

表 4.8　白土岗水文站洪水频率计算成果

统计年份	均值	C_v	C_s/C_v	各种重现期洪峰（m^3/s）				
1958~2006	950	0.85	2.5	5 年	10 年	20 年	50 年	100 年
				1 420	1 990	2 570	3 330	3 910

（9）半店水文站。

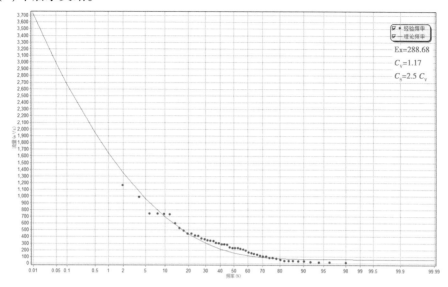

图 4.9 半店水文站洪水频率曲线

表 4.9 半店水文站洪水频率计算成果

统计年份	均值	C_v	C_s/C_v	各种重现期洪峰（m^3/s）				
1954~2006	289.00	1.17	2.5	5 年	10 年	20 年	50 年	100 年
				436	690	970	1 350	1 650

（10）急滩水文站。

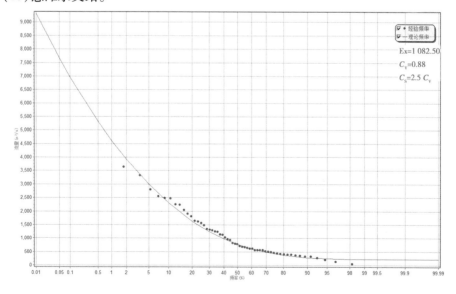

图 4.10 急滩水文站洪水频率曲线

表 4.10　急滩水文站洪水频率计算成果

统计年份	均值	C_v	C_s/C_v	各种重现期洪峰(m^3/s)				
				5 年	10 年	20 年	50 年	100 年
1952～2006	1 083.00	0.88	2.5	1 630	2 310	2 990	3 910	4 610

（11）口子河水文站。

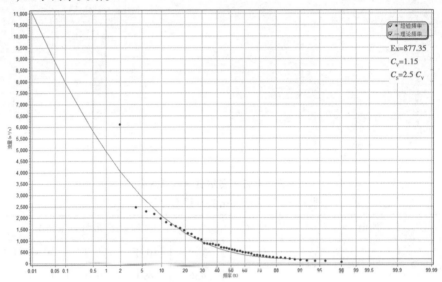

图 4.11　口子河水文站洪水频率曲线

表 4.11　口子河水文站洪水频率计算成果

统计年份	均值	C_v	C_s/C_v	各种重现期洪峰(m^3/s)				
				5 年	10 年	20 年	50 年	100 年
1957～2006	877.00	1.15	2.5	1 330	2 090	2 900	4 030	4 920

（12）米坪水文站。

表 4.12　米坪水文站洪水频率计算成果

统计年份	均值	C_v	C_s/C_v	各种重现期洪峰(m^3/s)				
				5 年	10 年	20 年	50 年	100 年
1956～2006	534.00	1.1	2.5	810	1 250	1 720	2 360	2 860

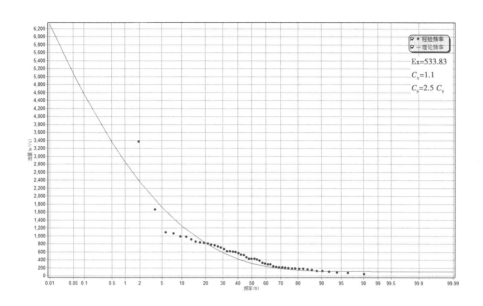

图 4.12　米坪水文站洪水频率曲线

（13）平氏水文站。

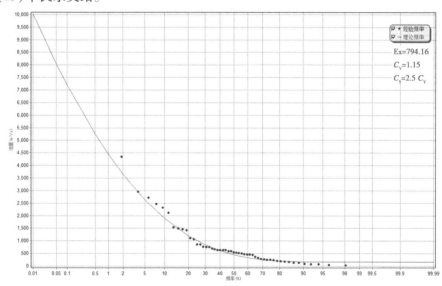

图 4.13　平氏水文站洪水频率曲线

表 4.13　平氏水文站洪水频率计算成果

统计年份	均值	C_v	C_s/C_v	各种重现期洪峰（m^3/s）				
				5 年	10 年	20 年	50 年	100 年
1956～2006	794.00	1.15	2.5	1 200	1 890	2 630	3 650	4 450

（14）社旗水文站。

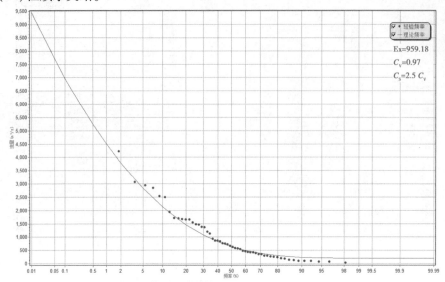

图 4.14　社旗水文站洪水频率曲线

表 4.14　社旗水文站洪水频率计算成果

统计年份	均值	C_v	C_s/C_v	各种重现期洪峰（m³/s）				
				5 年	10 年	20 年	50 年	100 年
1953～2006	959.00	0.97	2.5	1 450	2 130	2 830	3 780	4 510

（15）唐河水文站。

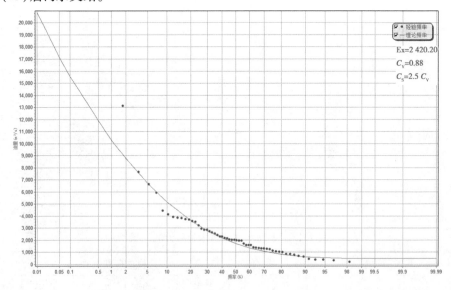

图 4.15　唐河水文站洪水频率曲线

表 4.15　唐河水文站洪水频率计算成果

统计年份	均值	C_v	C_s/C_v	各种重现期洪峰（m³/s）				
1951~2006	2 420.00	0.88	2.5	5 年	10 年	20 年	50 年	100 年
				3 640	5 160	6 690	8 750	10 310

（16）西峡水文站。

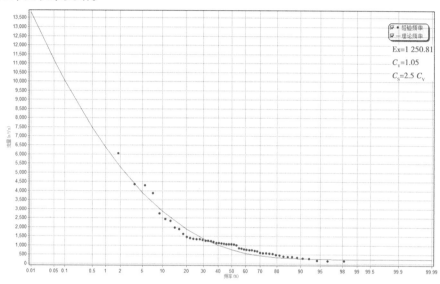

图 4.16　西峡水文站洪水频率曲线

表 4.16　西峡水文站洪水频率计算成果

统计年份	均值	C_v	C_s/C_v	各种重现期洪峰（m³/s）				
1954~2006	1 251.00	1.05	2.5	5 年	10 年	20 年	50 年	100 年
				1 900	2 870	3 890	5 290	6 370

（17）紫荆关水文站。

表 4.17　紫荆关水文站洪水频率计算成果

统计年份	均值	C_v	C_s/C_v	各种重现期洪峰（m³/s）				
1958~2006	1 387.00	0.95	2.5	5 年	10 年	20 年	50 年	100 年
				2 100	3 050	4 040	5 360	6 380

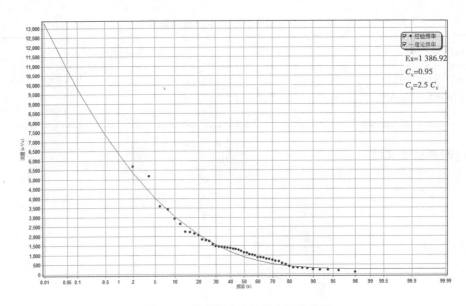

图 4.17　紫荆关水文站洪水频率曲线

（18）下孤山水文站。

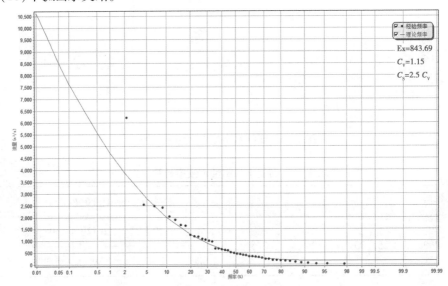

图 4.18　下孤山水文站洪水频率曲线

表 4.18　下孤山水文站洪水频率计算成果

统计年份	均值	C_v	C_s/C_v	各种重现期洪峰(m^3/s)				
1963～2006	844	1.15	2.5	5 年	10 年	20 年	50 年	100 年
				1 280	2 010	2 790	3 880	4 730

（19）中汤水文站。

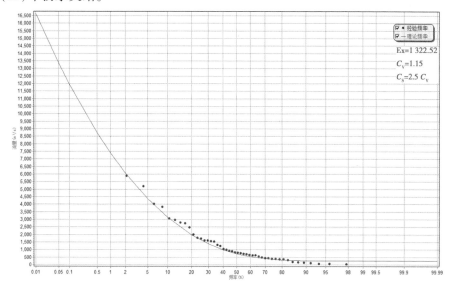

图 4.19　中汤水文站洪水频率曲线

表 4.19　中汤水文站洪水频率计算成果

统计年份	均值	C_v	C_s/C_v	各种重现期洪峰（m³/s）				
1961~2006	1 322.00	1.15	2.5	5 年	10 年	20 年	50 年	100 年
				2 000	3 150	4 380	6 080	7 410

（20）濮阳水文站。

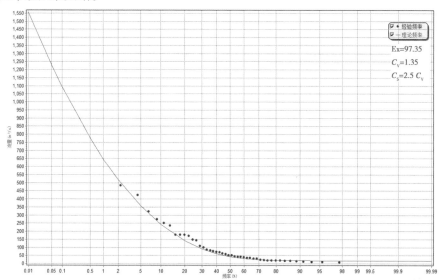

图 4.20　濮阳水文站洪水频率曲线

表 4.20 濮阳水文站洪水频率计算成果

统计年份	均值	C_v	C_s/C_v	各种重现期洪峰(m^3/s)				
1963~2006	97.00	1.35	2.5	5 年	10 年	20 年	50 年	100 年
				143	244	358	519	647

(21)范县水文站。

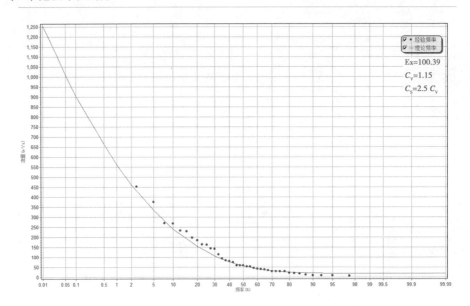

图 4.21 范县水文站洪水频率曲线

表 4.21 范县水文站洪水频率计算成果

统计年份	均值	C_v	C_s/C_v	各种重现期洪峰(m^3/s)				
1968~2006	100	1.15	2.5	5 年	10 年	20 年	50 年	100 年
				153	240	332	460	560

(22)南乐水文站。

表 4.22 南乐水文站洪水频率计算成果

统计年份	均值	C_v	C_s/C_v	各种重现期洪峰(m^3/s)				
1954~2006	22.00	1.25	2.5	5 年	10 年	20 年	50 年	100 年
				33	54	78	110	136

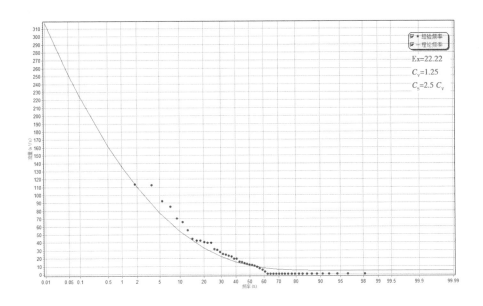

图 4.22　南乐水文站洪水频率曲线

（23）元村集水文站。

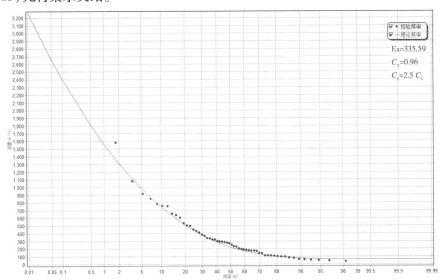

图 4.23　元村集水文站洪水频率曲线

表 4.23　元村集水文站洪水频率计算成果

统计年份	均值	C_v	C_s/C_v	各种重现期洪峰（m³/s）				
1951～2006	336.00	0.96	2.5	5 年	10 年	20 年	50 年	100 年
				508	742	983	1 310	1 560

（24）黄口集水文站。

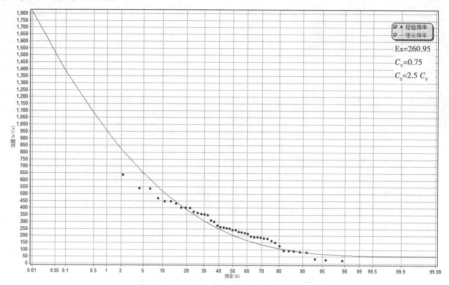

图 4.24 黄口集水文站洪水频率曲线

表 4.24 黄口集水文站洪水频率计算成果

统计年份	均值	C_v	C_s/C_v	各种重现期洪峰(m^3/s)				
				5 年	10 年	20 年	50 年	100 年
1962~2006	261	0.75	2.5	384	518	650	823	954

（25）永城水文站。

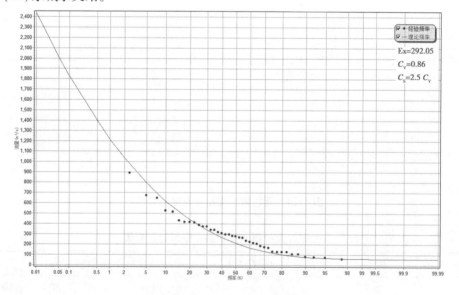

图 4.25 永城水文站洪水频率曲线

表 4.25　永城水文站洪水频率计算成果

统计年份	均值	C_v	C_s/C_v	各种重现期洪峰(m^3/s)				
				5 年	10 年	20 年	50 年	100 年
1954~2006	292.00	0.86	2.5	438	616	795	1 030	1 220

(26)砖桥水文站。

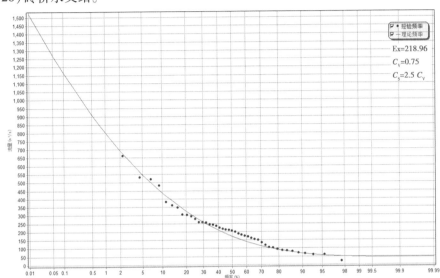

图 4.26　砖桥水文站洪水频率曲线

表 4.26　砖桥水文站洪水频率计算成果

统计年份	均值	C_v	C_s/C_v	各种重现期洪峰(m^3/s)				
				5 年	10 年	20 年	50 年	100 年
1964~2006	219.00	0.75	2.5	322	434	545	690	800

(27)大车集水文站。

表 4.27　大车集水文站洪水频率计算成果

统计年份	均值	C_v	C_s/C_v	各种重现期洪峰(m^3/s)				
				5 年	10 年	20 年	50 年	100 年
1962~2006	104	0.71	2.5	152	202	250	314	362

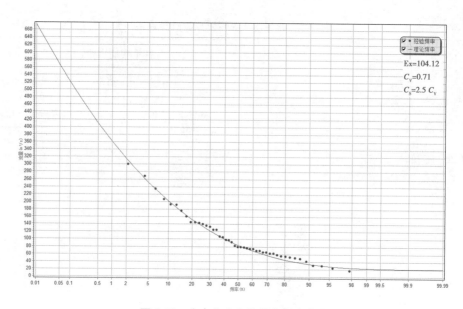

图 4.27　大车集水文站洪水频率曲线

（28）合河（卫）水文站。

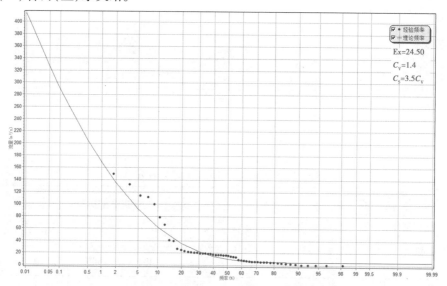

图 4.28　合河（卫）水文站洪水频率曲线

表 4.28　合河（卫）水文站洪水频率计算成果

统计年份	均值	C_v	C_s/C_v	各种重现期洪峰（m^3/s）				
1953～2006	24.50	1.40	3.5	5 年	10 年	20 年	50 年	100 年
				35	62	92	135	169

（29）卫辉（黄土岗）水文站。

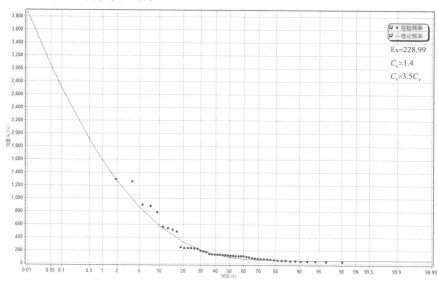

图4.29　卫辉（黄土岗）水文站洪水频率曲线

表4.29　卫辉（黄土岗）水文站洪水频率计算成果

统计年份	均值	C_v	C_s/C_v	各种重现期洪峰（m³/s）				
				5 年	10 年	20 年	50 年	100 年
1955~2006	229.00	1.40	3.5	332	580	861	1 260	1 580

（30）卫辉（汲县）水文站。

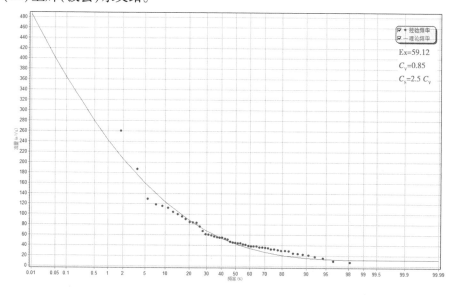

图4.30　卫辉（汲县）水文站洪水频率曲线

表 4.30 卫辉(汲县)水文站洪水频率计算成果

统计年份	均值	C_v	C_s/C_v	各种重现期洪峰(m³/s)				
				5 年	10 年	20 年	50 年	100 年
1954~2006	59.00	0.85	2.5	89	124	160	207	243

(31)朱付村水文站。

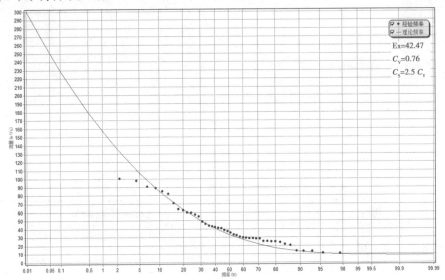

图 4.31 朱付村水文站洪水频率曲线

表 4.31 朱付村水文站洪水频率计算成果

统计年份	均值	C_v	C_s/C_v	各种重现期洪峰(m³/s)				
				5 年	10 年	20 年	50 年	100 年
1963~2006	42.00	0.76	2.5	63	85	107	135	157

(32)白雀园水文站。

表 4.32 白雀园水文站洪水频率计算成果

统计年份	均值	C_v	C_s/C_v	各种重现期洪峰(m³/s)				
				5 年	10 年	20 年	50 年	100 年
1974~2003	403	0.9	2.5	609	868	1 130	1 490	1 760

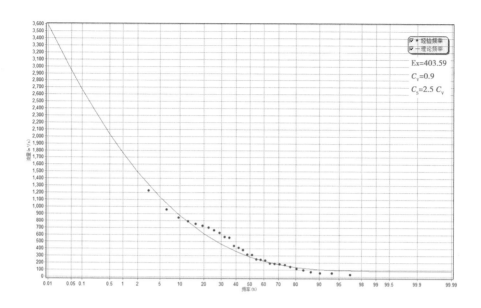

图 4.32 白雀园水文站洪水频率曲线

（33）大坡岭水文站。

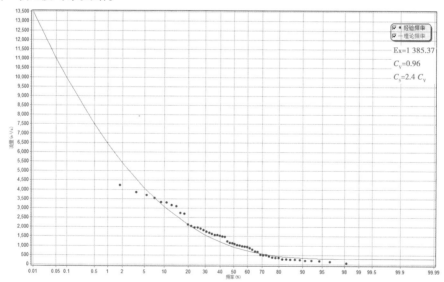

图 4.33 大坡岭水文站洪水频率曲线

表 4.33 大坡岭水文站洪水频率计算成果

统计年份	均值	C_v	C_s/C_v	各种重现期洪峰（m³/s）				
1952～2006	1 385.00	0.96	2.4	5 年	10 年	20 年	50 年	100 年
				2 100	3 060	4 060	5 410	6 440

（34）淮滨水文站。

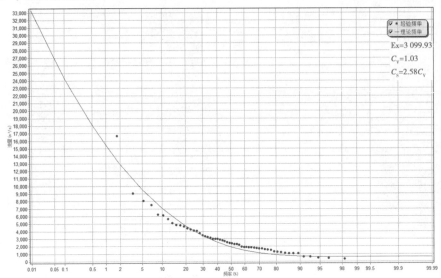

图 4.34 淮滨水文站洪水频率曲线

表 4.34 淮滨水文站洪水频率计算成果

统计年份	均值	C_v	C_s/C_v	各种重现期洪峰（m³/s）				
				5 年	10 年	20 年	50 年	100 年
1951~2006	3 100.00	1.03	2.58	4 700	7 060	9 530	12 890	15 490

（35）潢川水文站。

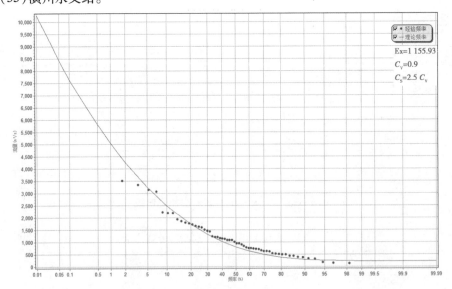

图 4.35 潢川水文站洪水频率曲线

表 4.35 潢川水文站洪水频率计算成果

统计年份	均值	C_v	C_s/C_v	各种重现期洪峰(m³/s)				
1951~2006	1 156.00	0.90	2.5	5 年	10 年	20 年	50 年	100 年
				1 740	2 490	3 240	4 260	5 040

(36)蒋家集水文站。

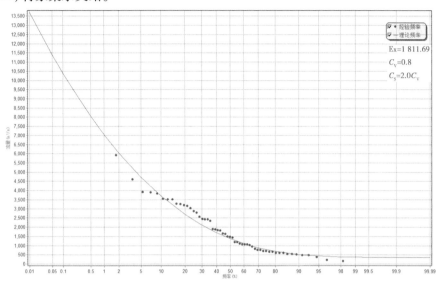

图 4.36 蒋家集水文站洪水频率曲线

表 4.36 蒋家集水文站洪水频率计算成果

统计年份	均值	C_v	C_s/C_v	各种重现期洪峰(m³/s)				
1952~2006	1 812.00	0.8	2.0	5 年	10 年	20 年	50 年	100 年
				2 690	3 700	4 700	6 030	7 040

(37)息县水文站。

表 4.37 息县水文站洪水频率计算成果

统计年份	均值	C_v	C_s/C_v	各种重现期洪峰(m³/s)				
1950~2006	3 202.00	0.96	2.4	5 年	10 年	20 年	50 年	100 年
				4 850	7 080	9 390	12 500	14 880

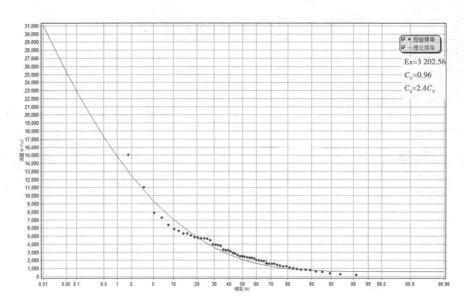

图 4.37　息县水文站洪水频率曲线

（38）新县水文站。

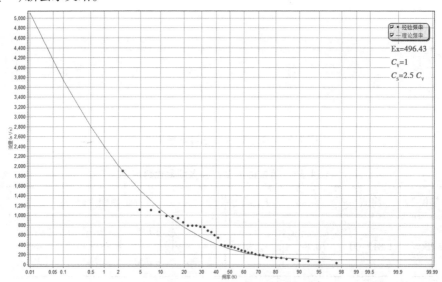

图 4.38　新县水文站洪水频率曲线

表 4.38　新县水文站洪水频率计算成果

统计年份	均值	C_v	C_s/C_v	各种重现期洪峰（m^3/s）				
				5 年	10 年	20 年	50 年	100 年
1967~2006	496.00	1.00	2.5	753	1 120	1 490	2 010	2 400

（39）长台关水文站。

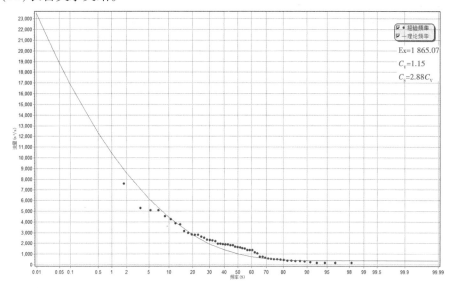

图4.39 长台关水文站洪水频率曲线

表4.39 长台关水文站洪水频率计算成果

统计年份	均值	C_v	C_s/C_v	各种重现期洪峰（m^3/s）				
				5年	10年	20年	50年	100年
1952~2006	1 865.00	1.15	2.88	2 820	4 430	6 170	8 580	10 450

（40）竹竿铺水文站。

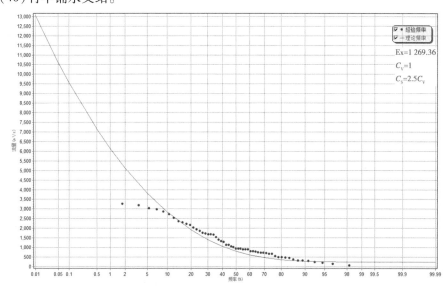

图4.40 竹竿铺水文站洪水频率曲线

表 4.40 竹竿铺水文站洪水频率计算成果

统计年份	均值	C_v	C_s/C_v	各种重现期洪峰(m^3/s)				
				5 年	10 年	20 年	50 年	100 年
1952~2006	1 269.00	1.00	2.5	1 930	2 860	3 820	5 140	6 150

(41)大陈水文站。

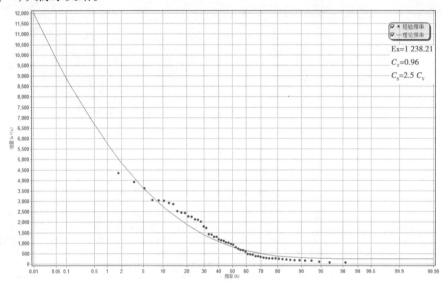

图 4.41 大陈水文站洪水频率曲线

表 4.41 大陈水文站洪水频率计算成果

统计年份	均值	C_v	C_s/C_v	各种重现期洪峰(m^3/s)				
				5 年	10 年	20 年	50 年	100 年
1951~2006	1 238	0.96	2.5	1 870	2 740	3 630	4 830	5 750

(42)化行水文站。

表 4.42 化行水文站洪水频率计算成果

统计年份	均值	C_v	C_s/C_v	各种重现期洪峰(m^3/s)				
				5 年	10 年	20 年	50 年	100 年
1955~2006	222.00	1.20	2.5	333	536	755	1 060	1 300

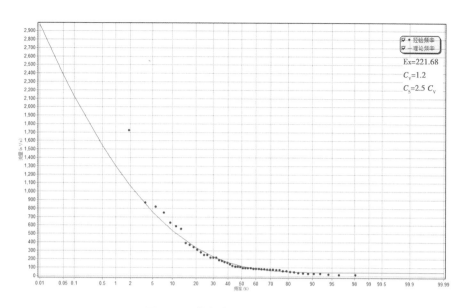

图 4.42　化行水文站洪水频率曲线

（43）告城水文站。

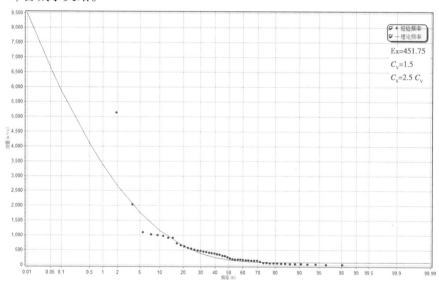

图 4.43　告城水文站洪水频率曲线

表 4.43　告城水文站洪水频率计算成果

统计年份	均值	C_v	C_s/C_v	各种重现期洪峰(m^3/s)				
1955~2006	452	1.5	2.5	5 年	10 年	20 年	50 年	100 年
				636	1 160	1 770	2 660	3 360

（44）中牟水文站。

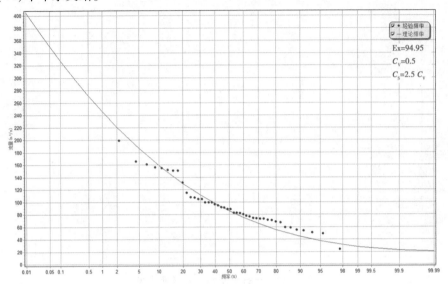

图 4.44　中牟水文站洪水频率曲线

表 4.44　中牟水文站洪水频率计算成果

统计年份	均值	C_v	C_s/C_v	各种重现期洪峰（m^3/s）				
1963~2006	95.00	0.5	2.5	5 年	10 年	20 年	50 年	100 年
				129	158	186	221	246

（45）新郑水文站。

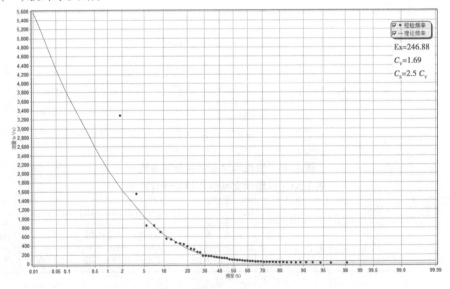

图 4.45　新郑水文站洪水频率曲线

表 4.45　新郑水文站洪水频率计算成果

统计年份	均值	C_v	C_s/C_v	各种重现期洪峰(m^3/s)				
1963～2006	247.00	1.69	2.5	5 年	10 年	20 年	50 年	100 年
				324	646	1 040	1 620	2 090

（46）扶沟水文站。

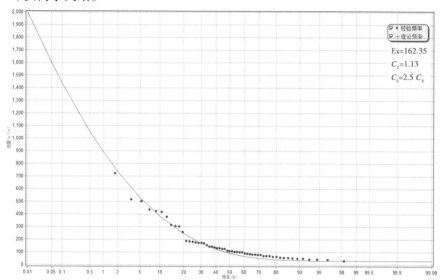

图 4.46　扶沟水文站洪水频率曲线

表 4.46　扶沟水文站洪水频率计算成果

统计年份	均值	C_v	C_s/C_v	各种重现期洪峰(m^3/s)				
1952～2006	162	1.13	2.5	5 年	10 年	20 年	50 年	100 年
				246	383	531	735	893

（47）槐店水文站。

表 4.47　槐店水文站洪水频率计算成果

统计年份	均值	C_v	C_s/C_v	各种重现期洪峰(m^3/s)				
1972～2006	1 490.00	0.85	2.5	5 年	10 年	20 年	50 年	100 年
				2 230	3 120	4 020	5 220	6 130

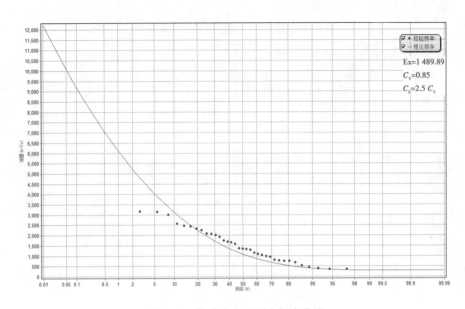

图 4.47　槐店水文站洪水频率曲线

(48)沈丘水文站。

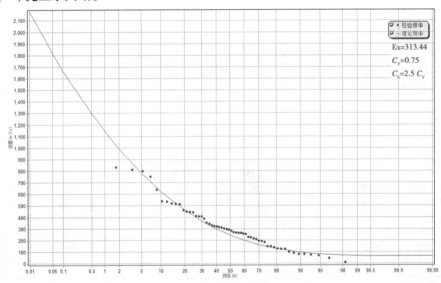

图 4.48　沈丘水文站洪水频率曲线

表 4.48　沈丘水文站洪水频率计算成果

统计年份	均值	C_v	C_s/C_v	各种重现期洪峰(m^3/s)				
				5 年	10 年	20 年	50 年	100 年
1951~2006	313	0.75	2.5	462	622	780	989	1 140

（49）玄武水文站。

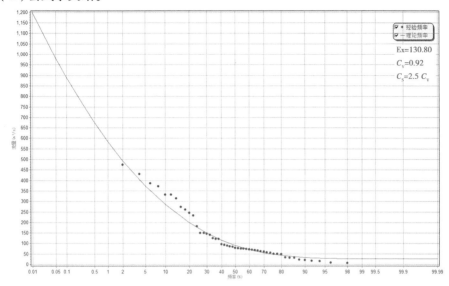

图 4.49　玄武水文站洪水频率曲线

表 4.49　玄武水文站洪水频率计算成果

统计年份	均值	C_v	C_s/C_v	各种重现期洪峰（m³/s）				
				5 年	10 年	20 年	50 年	100 年
1958～2006	131.00	0.92	2.5	198	284	373	492	582

（50）周口水文站。

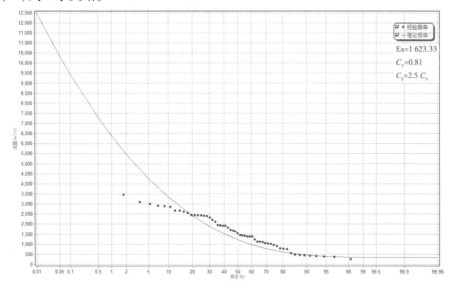

图 4.50　周口水文站洪水频率曲线

表 4.50　周口水文站洪水频率计算成果

统计年份	均值	C_v	C_s/C_v	各种重现期洪峰(m^3/s)				
				5 年	10 年	20 年	50 年	100 年
1952~2006	1 623	0.81	2.5	2 420	3 330	4 250	5 460	6 380

（51）班台水文站。

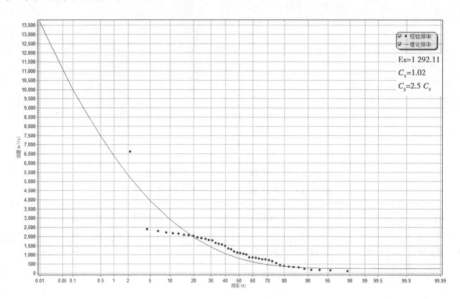

图 4.51　班台水文站洪水频率曲线

表 4.51　班台水文站洪水频率计算成果

统计年份	均值	C_v	C_s/C_v	各种重现期洪峰(m^3/s)				
				5 年	10 年	20 年	50 年	100 年
1963~2006	1 292	1.02	2.5	1 960	2 930	3 940	5 320	6 390

（52）芦庄水文站。

表 4.52　芦庄水文站洪水频率计算成果

统计年份	均值	C_v	C_s/C_v	各种重现期洪峰(m^3/s)				
				5 年	10 年	20 年	50 年	100 年
1957~2006	753.00	1.5	2.5	1 060	1 940	2 950	4 430	5 610

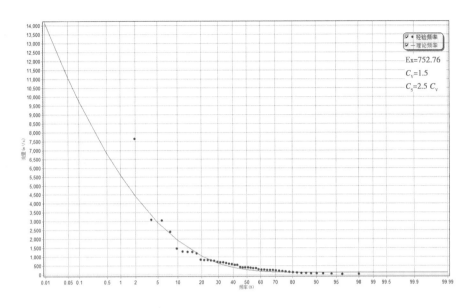

图 4.52　芦庄水文站洪水频率曲线

（53）泌阳水文站。

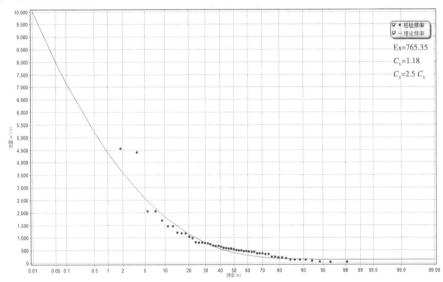

图 4.53　泌阳水文站洪水频率曲线

表 4.53　泌阳水文站洪水频率计算成果

统计年份	均值	C_v	C_s/C_v	各种重现期洪峰（m^3/s）				
				5 年	10 年	20 年	50 年	100 年
1954~2006	765.00	1.18	2.5	1 150	1 840	2 580	3 600	4 410

(54)庙湾水文站。

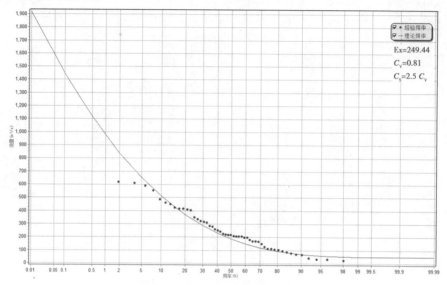

图 4.54　庙湾水文站洪水频率曲线

表 4.54　庙湾水文站洪水频率计算成果

统计年份	均值	C_v	C_s/C_v	各种重现期洪峰(m^3/s)				
1956～2006	249	0.81	2.5	5 年	10 年	20 年	50 年	100 年
				372	512	653	839	980

(55)沙口水文站。

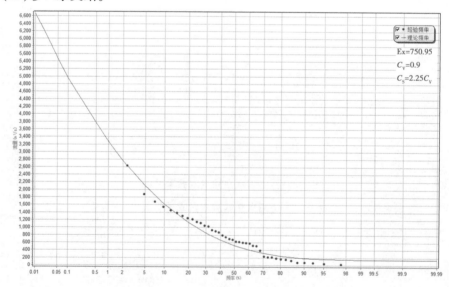

图 4.55　沙口水文站洪水频率曲线

表 4.55　沙口水文站洪水频率计算成果

统计年份	均值	C_v	C_s/C_v	各种重现期洪峰(m^3/s)				
1967～2006	751	0.9	2.25	5 年	10 年	20 年	50 年	100 年
				1 130	1 610	2 110	2 770	3 270

(56)遂平水文站。

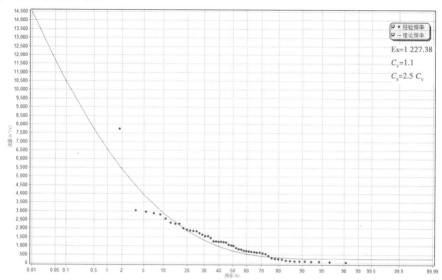

图 4.56　遂平水文站洪水频率曲线

表 4.56　遂平水文站洪水频率计算成果

统计年份	均值	C_v	C_s/C_v	各种重现期洪峰(m^3/s)				
1953～2006	1 227	1.1	2.5	5 年	10 年	20 年	50 年	100 年
				1 860	2 870	3 940	5 420	6 560

(57)夏屯水文站。

表 4.57　夏屯水文站洪水频率计算成果

统计年份	均值	C_v	C_s/C_v	各种重现期洪峰(m^3/s)				
1958～2006	814	1.2	3.0	5 年	10 年	20 年	50 年	100 年
				1 220	1 960	2 770	3 890	4 770

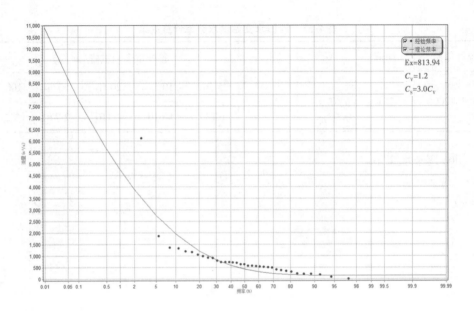

图 4.57　夏屯水文站洪水频率曲线

(58)新蔡水文站。

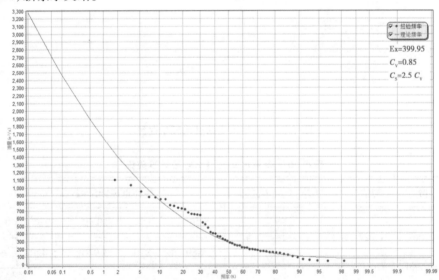

图 4.58　新蔡水文站洪水频率曲线

表 4.58　新蔡水文站洪水频率计算成果

统计年份	均值	C_v	C_s/C_v	各种重现期洪峰(m^3/s)				
				5 年	10 年	20 年	50 年	100 年
1951～2006	400	0.85	2.5	600	839	1 080	1 400	1 650

（59）杨庄水文站。

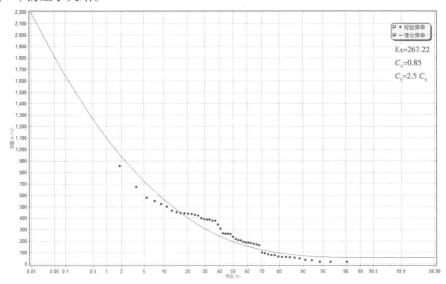

图 4.59　杨庄水文站洪水频率曲线

表 4.59　杨庄水文站洪水频率计算成果

统计年份	均值	C_v	C_s/C_v	各种重现期洪峰（m³/s）				
1954～2006	267	0.85	2.5	5 年	10 年	20 年	50 年	100 年
				400	560	722	937	1 100

（60）驻马店水文站。

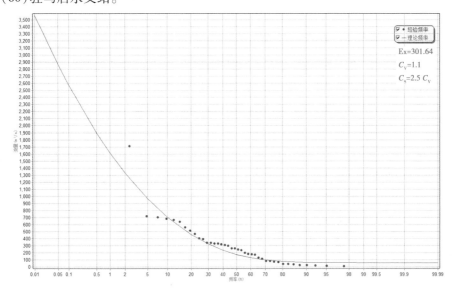

图 4.60　驻马店水文站洪水频率曲线

表 4.60　驻马店水文站洪水频率计算成果

统计年份	均值	C_v	C_s/C_v	各种重现期洪峰(m^3/s)				
				5 年	10 年	20 年	50 年	100 年
1967～2006	302	1.1	2.5	457	705	969	1 330	1 610

以下水文站洪水频率计算结果摘自 2009 年河南省水情手册。

(61)安阳水文站。

表 4.61　安阳水文站洪水频率计算成果

统计年份	均值	C_v	C_s/C_v	各种重现期洪峰(m^3/s)				
				5 年	10 年	20 年	50 年	100 年
1953～1991	450	1.9	2.5	532	1 170	2 000	3 270	4 320

(62)淇门水文站。

表 4.62　淇门水文站洪水频率计算成果

统计年份	均值	C_v	C_s/C_v	各种重现期洪峰(m^3/s)				
				5 年	10 年	20 年	50 年	100 年
1952～1992	502	1.96	3	440	1 060	2 040	3 650	5 000

(63)新村水文站。

表 4.63　新村水文站洪水频率计算成果

统计年份	均值	C_v	C_s/C_v	各种重现期洪峰(m^3/s)				
				5 年	10 年	20 年	50 年	100 年
1952～1991	810	1.8	2.5	1 010	2 120	3 510	5 620	7 340

(64)何口水文站。

表 4.64　何口水文站洪水频率计算成果

统计年份	均值	C_v	C_s/C_v	各种重现期洪峰(m^3/s)				
				5 年	10 年	20 年	50 年	100 年
1954～2000	1 500	1.1	2.5	2 270	3 500	4 810	6 610	8 020

(65)合河(共)水文站。

表 4.65　合河(共)水文站洪水频率计算成果

统计年份	均值	C_v	C_s/C_v	各种重现期洪峰(m^3/s)				
				5 年	10 年	20 年	50 年	100 年
1953～1991	420	1.5	2.5	592	1 080	1 650	2 470	3 120

第5章 图形展示

图形资料能够形象直接地反映出水文站的一些基本信息,是基础资料的重要组成部分。该部分主要是反映各水文站、雨量站和一些大型水库流域水系及位置图。

5.1 全省及分流域站网分布图

(1)淮河流域雨量站及水文站网分布图。

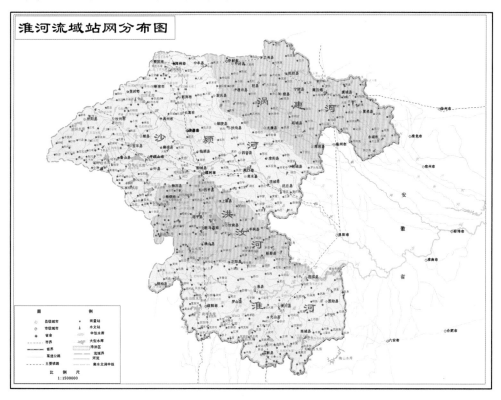

（2）长江流域雨量站及水文站网分布图。

（3）黄河流域雨量站及水文站网分布图。

（4）海河流域雨量站及水文站网分布图。

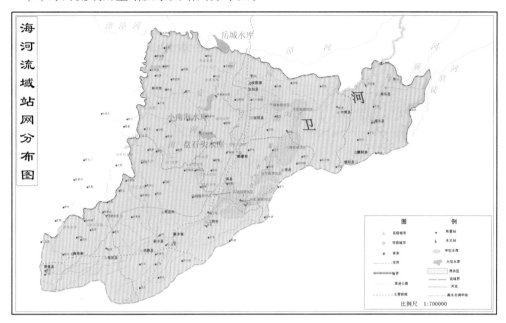

5.2 各市站网分布图

（1）鹤壁市站网分布图。

(2)安阳市站网分布图。

(3)驻马店市站网分布图。

(4)周口市站网分布图。

(5)郑州市站网分布图。

（6）许昌市站网分布图。

（7）信阳市站网分布图。

（8）新乡市站网分布图。

（9）商丘市站网分布图。

（10）三门峡市站网分布图。

（11）濮阳市站网分布图。

（12）平顶山市站网分布图。

（13）南阳市站网分布图。

（14）漯河市站网分布图。

（15）洛阳市站网分布图。

(16)开封市站网分布图。

(17)焦作市站网分布图。

（18）济源市站网分布图。

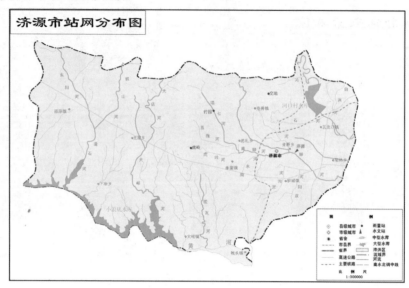

5.3 重要水文站以上流域水系图

（1）元村水文站以上流域站网分布图。

（2）王家坝水文站以上流域站网分布图。

（3）唐河水文站以上流域站网分布图。

（4）漯河水文站以上流域站网分布图。

（5）淮滨水文站以上流域站网分布图。

(6)花园口水文站以上流域站网分布图。

(7)黑石关水文站以上流域站网分布图。

（8）班台水文站以上流域站网分布图。

5.4 大型水库以上流域水系图

（1）赵湾水库以上流域站网分布图。

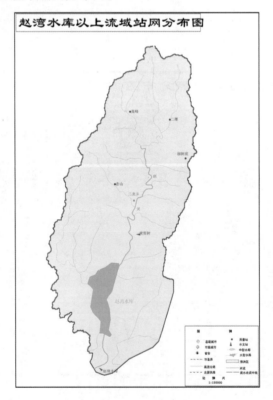

（2）昭平台水库以上流域站网分布图。

（3）彰武、南海水库以上流域站网分布图。

(4)窄口水库以上流域站网分布图。

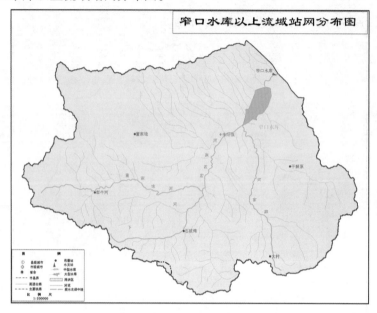

(5)燕山水库以上流域站网分布图。

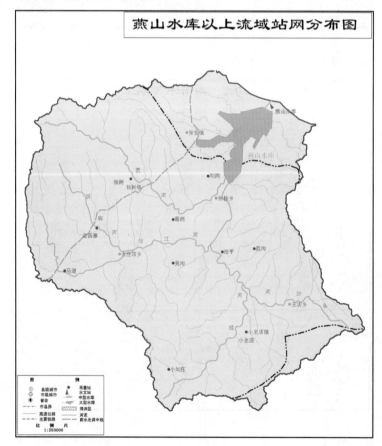

（6）鸭河口水库以上流域站网分布图。

（7）宿鸭湖水库以上流域站网分布图。

(8)五岳水库以上流域站网分布图。

（9）宋家场水库以上流域站网分布图。

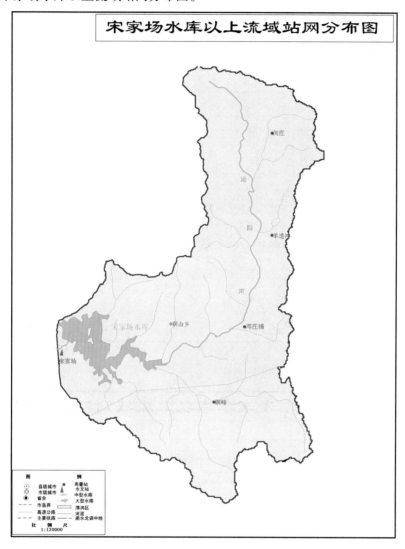

（10）石山口水库以上流域站网分布图。

（11）石漫滩水库以上流域站网分布图。

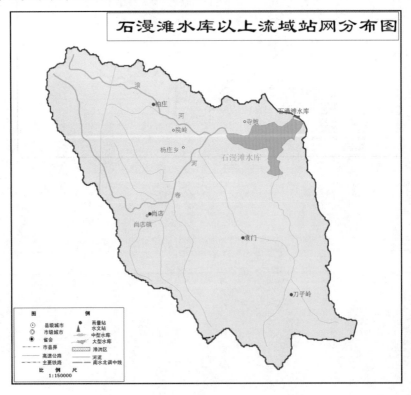

（12）泼河水库以上流域站网分布图。

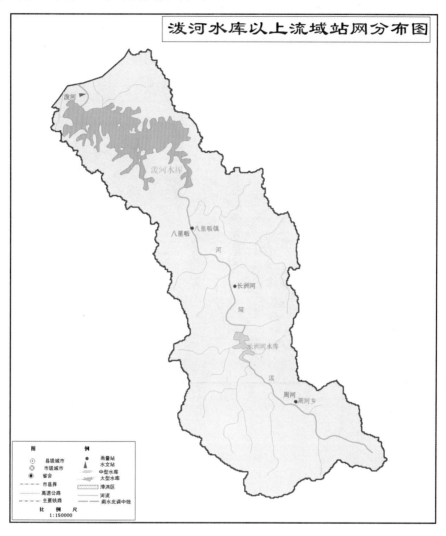

（13）盘石头水库以上流域站网分布图。

（14）鲇鱼山水库以上流域站网分布图。

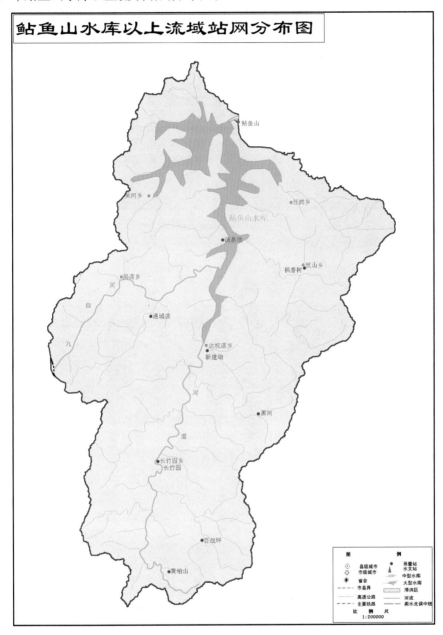

鲇鱼山水库以上流域站网分布图

（15）南湾水库以上流域站网分布图。

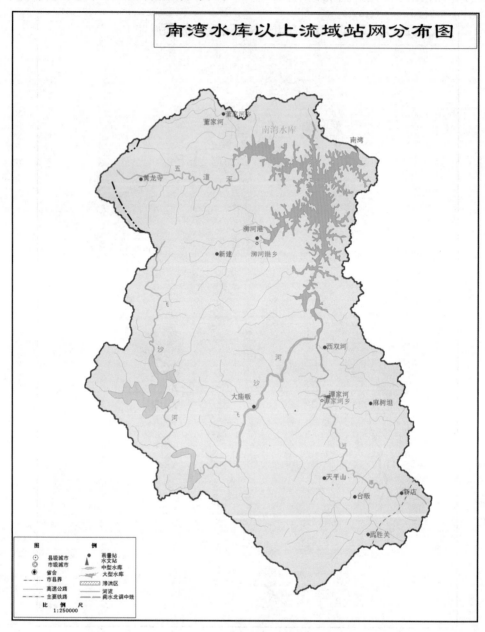

（16）陆浑水库以上流域站网分布图。

（17）故县水库以上流域站网分布图。

（18）孤石滩水库以上流域站网分布图。

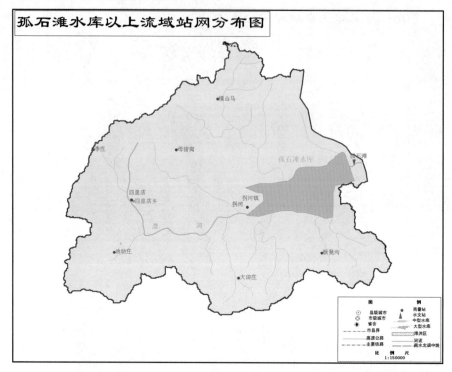

（19）薄山水库以上流域站网分布图。

（20）板桥水库以上流域站网分布图。

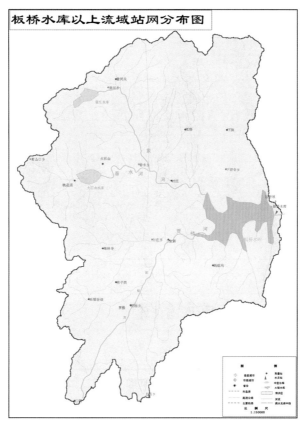

（21）白沙水库以上流域站网分布图。

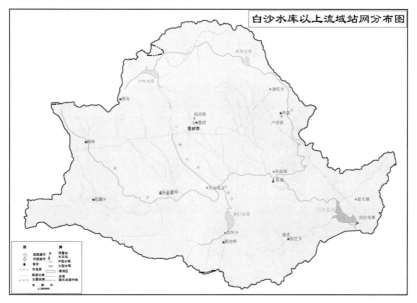

（22）白龟山水库以上流域站网分布图。

5.5 各水文站以上流域水系图

（1）紫罗山水文站以上流域站网分布图。

（2）砖桥水文站以上流域站网分布图。

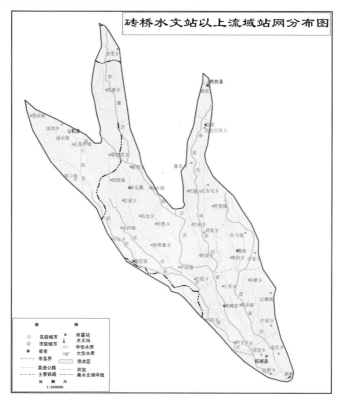

（3）驻马店水文站以上流域站网分布图。

(4)竹竿铺水文站以上流域站网分布图。

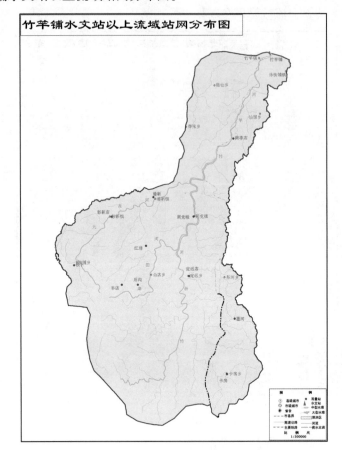

(5)朱付村水文站以上流域站网分布图。

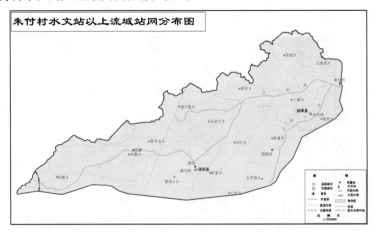

(6)周庄水文站以上流域站网分布图。

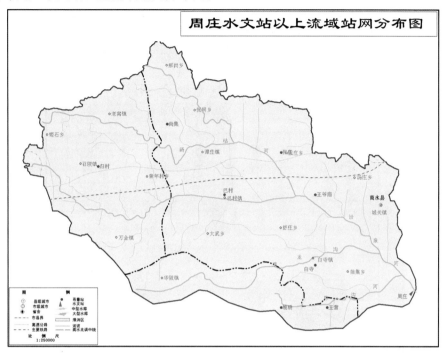

(7)周堂桥水文站以上流域站网分布图。

(8)周口水文站以上流域站网分布图。

(9)中汤水文站以上流域站网分布图。

（10）中牟水文站以上流域站网分布图。

（11）赵湾水文站以上流域站网分布图。

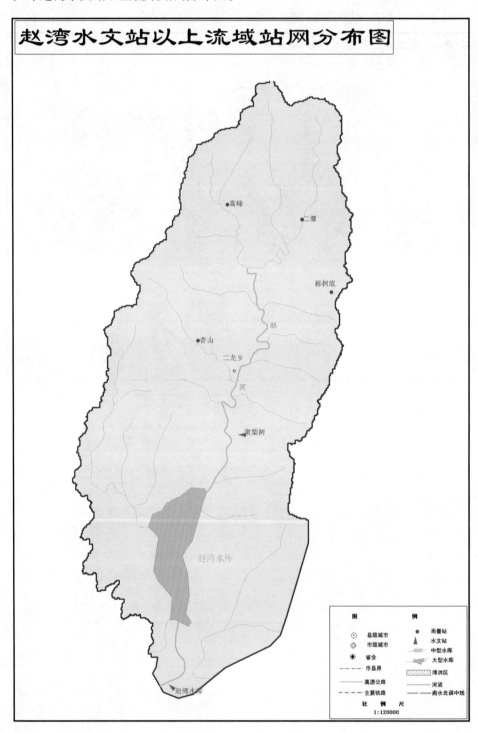

赵湾水文站以上流域站网分布图

（12）昭平台水文站以上流域站网分布图。

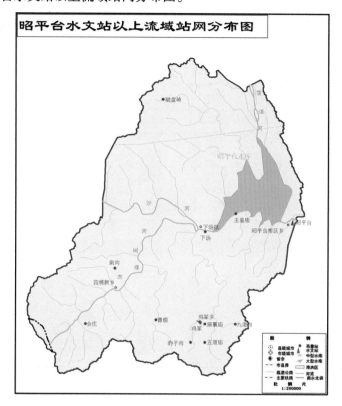

（13）长台关水文站以上流域站网分布图。

（14）窄口水文站以上流域站网分布图。

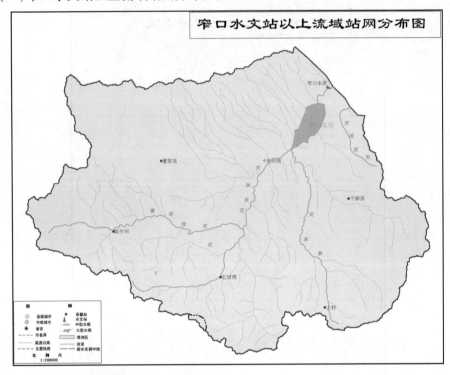

（15）元村集水文站以上流域站网分布图。

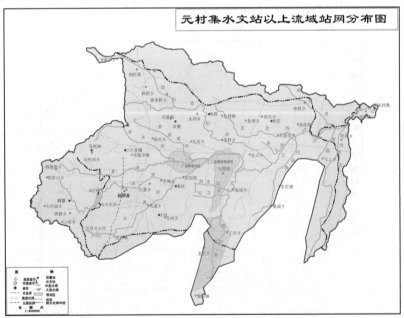

（16）永城水文站以上流域站网分布图。

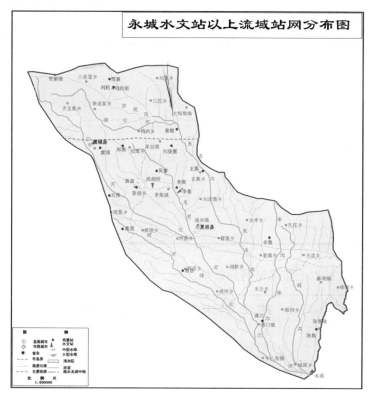

（17）杨庄水文站以上流域站网分布图。

（18）饮马口水文站以上流域站网分布图。

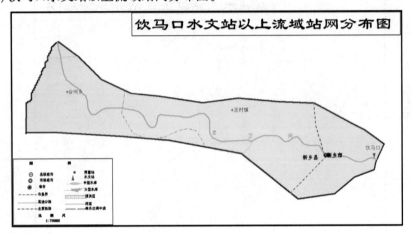

（19）燕山水文站以上流域站网分布图。

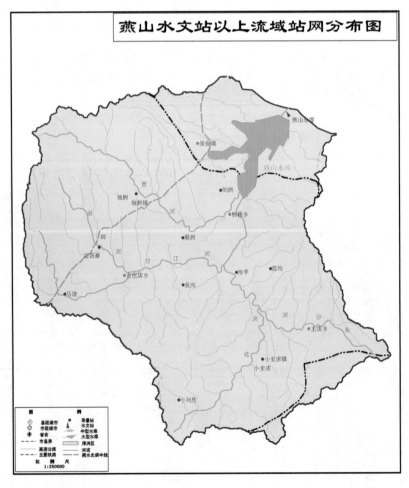

（20）鸭河口水文站以上流域站网分布图。

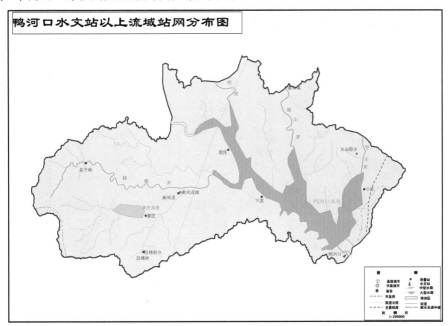

（21）玄武水文站以上流域站网分布图。

（22）修武水文站以上流域站网分布图

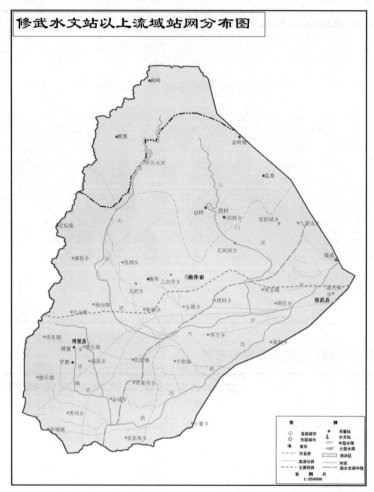

（23）新郑水文站以上流域站网分布图。

（24）新县水文站以上流域站网分布图。

（25）新村水文站以上流域站网分布图。

(26)新蔡水文站以上流域站网分布图。

(27)小河子水文站以上流域站网分布图。

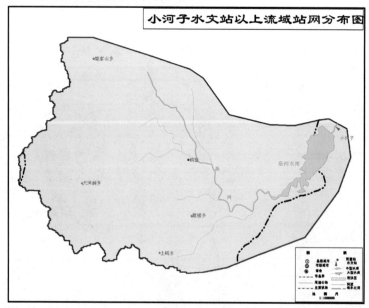

（28）夏屯水文站以上流域站网分布图。

（29）下孤山水文站以上流域站网分布图。

（30）息县水文站以上流域站网分布图。

(31)西峡水文站以上流域站网分布图。

(32)西坪水文站以上流域站网分布图。

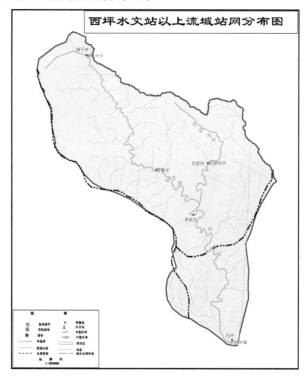

（33）西黄庄水文站以上流域站网分布图。

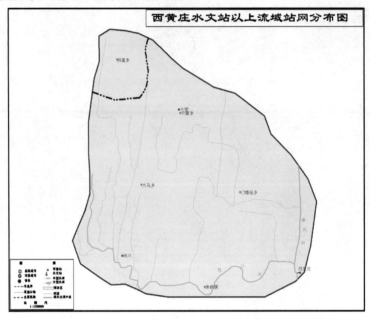

（34）五岳水文站以上流域站网分布图。

（35）五陵水文站以上流域站网分布图。

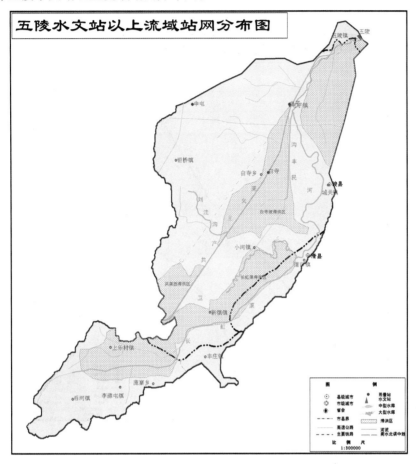

（36）五沟营水文站以上流域站网分布图。

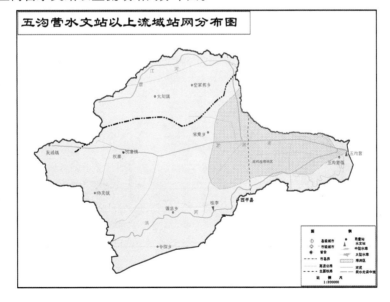

（37）卫辉水文站以上流域站网分布图。

（38）王勿桥水文站以上流域站网分布图。

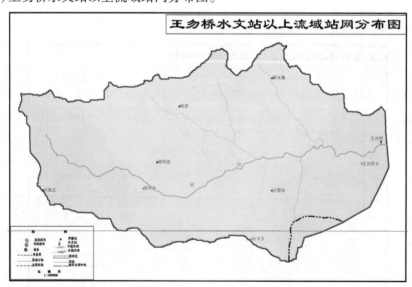

（39）棠梨树水文站以上流域站网分布图。

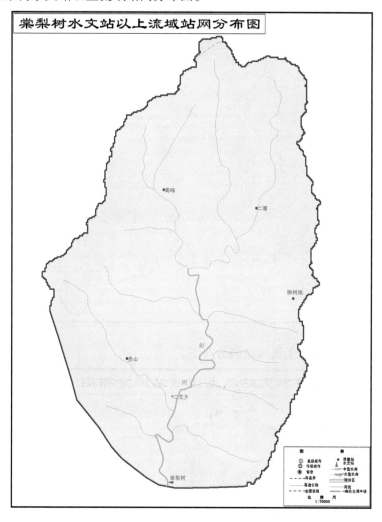

（40）唐河水文站以上流域站网分布图。

（41）谭家河水文站以上流域站网分布图。

（42）孙庄水文站以上流域站网分布图。

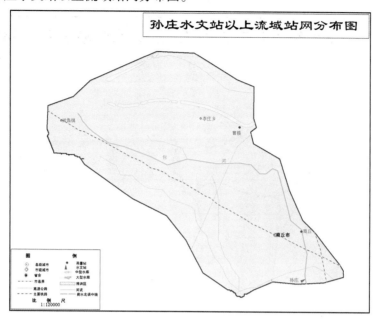

（43）遂平水文站以上流域站网分布图。

（44）睢县水文站以上流域站网分布图。

(45)宋家场水文站以上流域站网分布图。

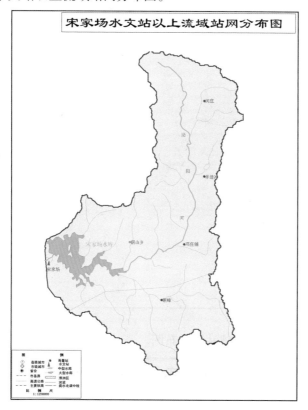

(46)石山口水文站以上流域站网分布图。

（47）石桥口水文站以上流域站网分布图。

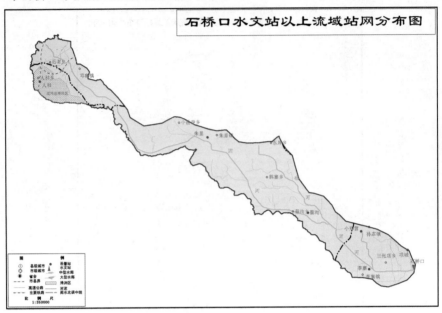

（48）石漫滩水文站以上流域站网分布图。

（49）沈丘水文站以上流域站网分布图。

（50）社旗水文站以上流域站网分布图。

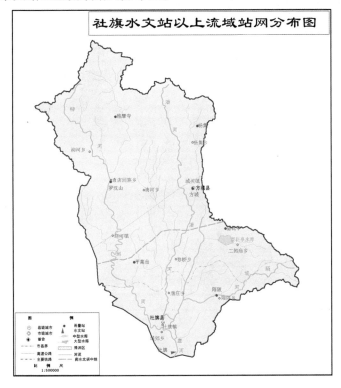

（51）沙口水文站以上流域站网分布图。

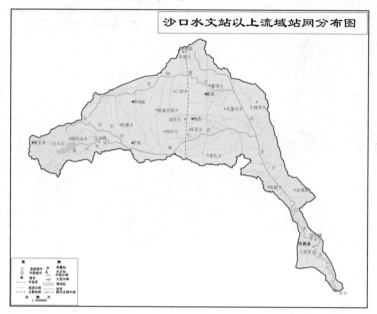

（52）汝州水文站以上流域站网分布图。

(53)青华水文站以上流域站网分布图。

(54)钱店水文站以上流域站网分布图。

（55）淇门水文站以上流域站网分布图。

（56）濮阳水文站以上流域站网分布图。

（57）泼河水文站以上流域站网分布图。

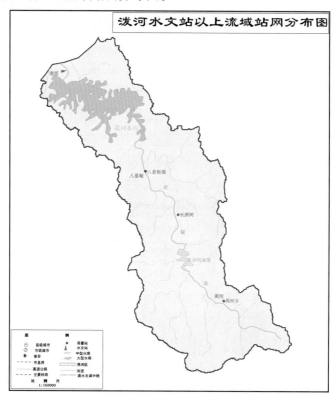

（58）平氏水文站以上流域站网分布图。

(59)平桥水文站以上流域站网分布图。

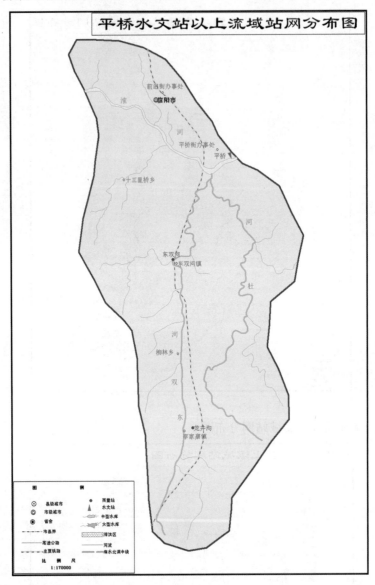

（60）裴河水文站以上流域站网分布图。

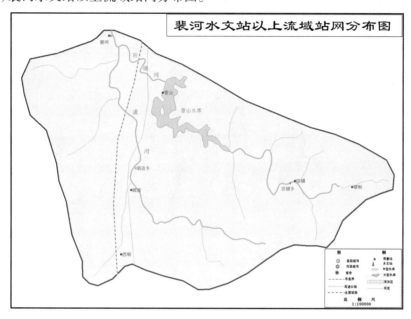

（61）盘石头水库水文站以上流域站网分布图。

（62）鲇鱼山水文站以上流域站网分布图。

鲇鱼山水文站以上流域站网分布图

（63）内乡水文站以上流域站网分布图。

内乡水文站以上流域站网分布图

（64）内黄水文站以上流域站网分布图。

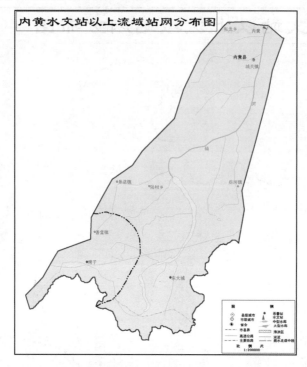

（65）南阳水文站以上流域站网分布图。

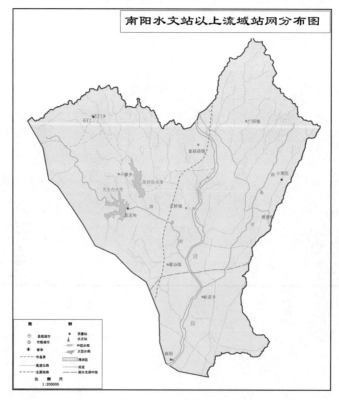

(66)南湾水文站以上流域站网分布图。

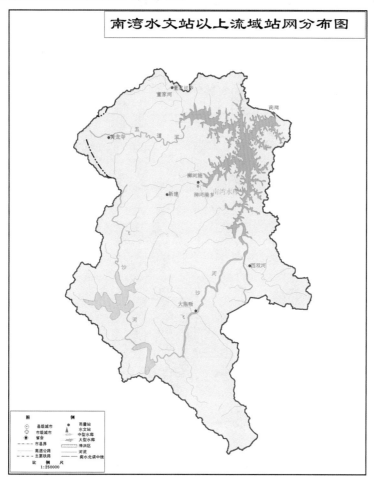

(67)南乐水文站以上流域站网分布图。

（68）小南海水文站以上流域站网分布图。

（69）庙湾水文站以上流域站网分布图。

(70)泌阳水文站以上流域站网分布图。

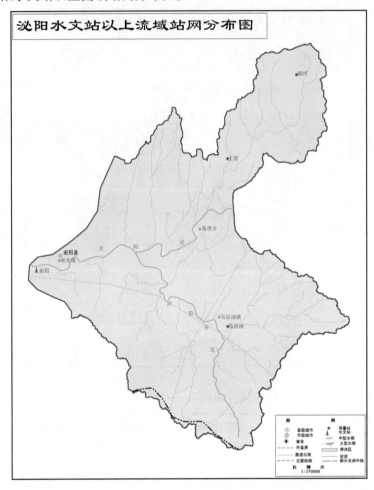

(71)米坪水文站以上流域站网分布图。

(72)马湾水文站以上流域站网分布图。

(73)漯河水文站以上流域站网分布图。

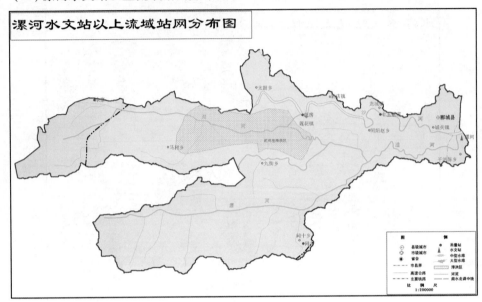

(74)洛阳(涧河)水文站以上流域站网分布图。

(75)芦庄水文站以上流域站网分布图。

(76)龙山水文站以上流域站网分布图。

（77）刘庄水文站以上流域站网分布图。

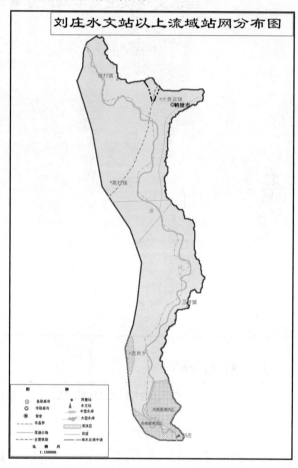

（78）留山水文站以上流域站网分布图。

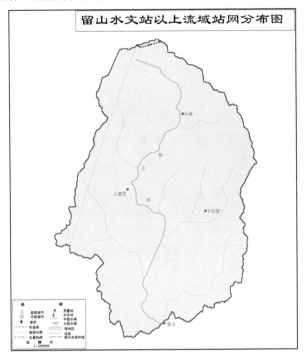

（79）立新水文站以上流域站网分布图。

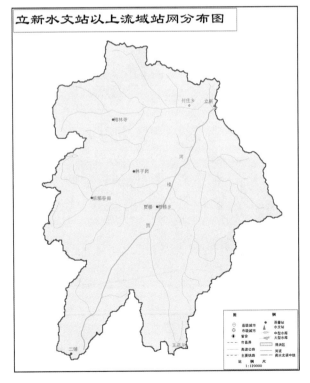

（80）李青店水文站以上流域站网分布图。

（81）李集水文站以上流域站网分布图。

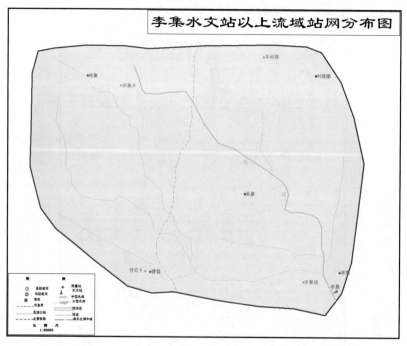

（82）口子河水文站以上流域站网分布图。

（83）蒋集水文站以上流域站网分布图。

（84）尖岗水文站以上流域站网分布图。

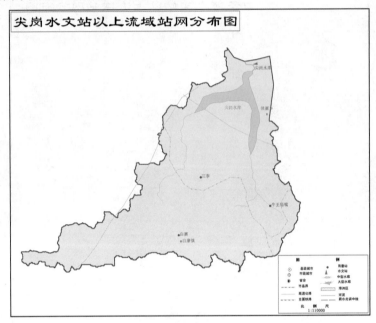

（85）济源水文站以上流域站网分布图。

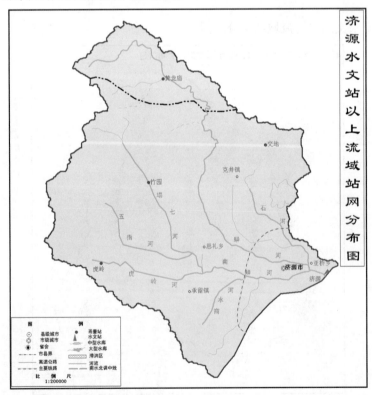

（86）急滩水文站以上流域站网分布图。

（87）潢川水文站以上流域站网分布图。

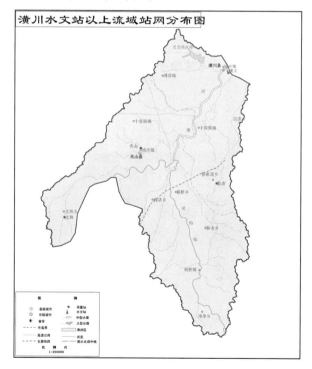

（88）黄土岗水文站以上流域站网分布图。

（89）黄桥水文站以上流域站网分布图。

（90）黄口集水文站以上流域站网分布图。

(91)槐店水文站以上流域站网分布图。

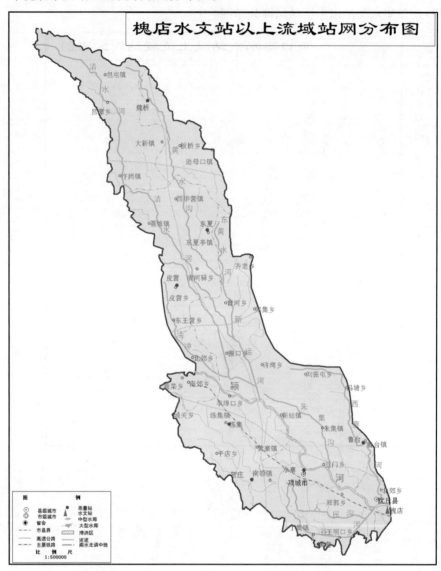

槐店水文站以上流域站网分布图

（92）淮滨水文站以上流域站网分布图。

（93）化行水文站以上流域站网分布图。

（94）横水水文站以上流域站网分布图。

（95）何营水文站以上流域站网分布图。

（96）何口水文站以上流域站网分布图。

（97）合河水文站以上流域站网分布图。

(98)桂庄水文站以上流域站网分布图。

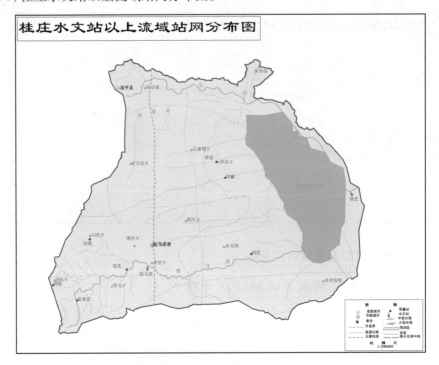

(99)桂李水文站以上流域站网分布图。

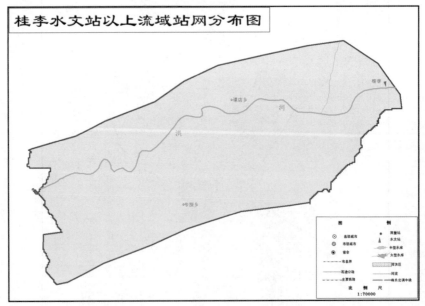

（100）孤石滩水文站以上流域站网分布图。

（101）弓上水库水文站以上流域站网分布图。

（102）告成水文站以上流域站网分布图。

（103）扶沟水文站以上流域站网分布图。

（104）范县水文站以上流域站网分布图。

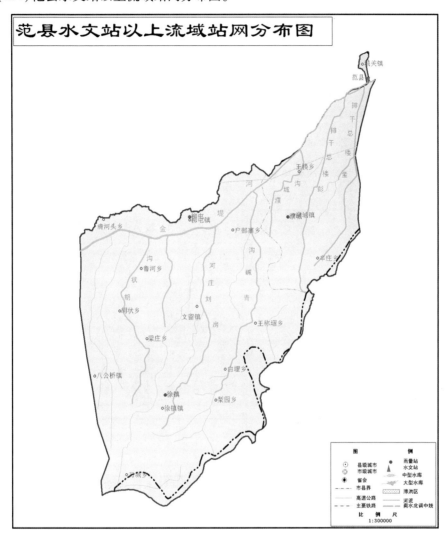

（105）郎阁水文站以上流域站网分布图。

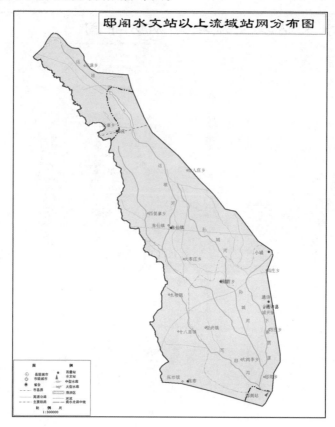

（106）大王庙水文站以上流域站网分布图。

（107）大坡岭水文站以上流域站网分布图。

（108）大陈水文站以上流域站网分布图。

（109）大车集水文站以上流域站网分布图。

（110）常庄水文站以上流域站网分布图。

（111）北庙集水文站以上流域站网分布图。

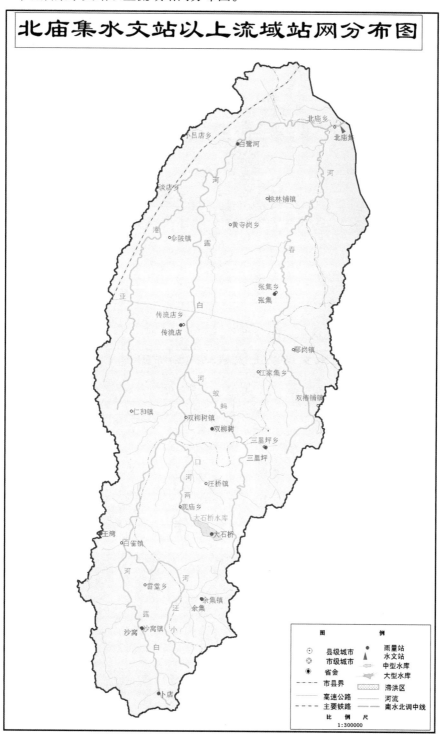

北庙集水文站以上流域站网分布图

北庙乡

北庙集

白鹭河

小吕店乡

谈店乡

桃林铺镇

黄寺岗乡

伞陂镇

张集乡
张集

传流店乡
传流店

郇岗镇

江家集乡

双椿铺镇

仁和镇

双柳树镇
双柳树

三里坪乡
三里坪

汪桥镇

观庙乡
大石桥水库

王湾

大石桥

白雀镇

雷堂乡

余集镇
余集

沙窝
沙窝镇

卜店

图	例	
⊙ 县级城市	● 雨量站	
◎ 市级城市	▲ 水文站	
⊚ 省会	⬡ 中型水库	
‒··‒ 市县界	⬡ 大型水库	
——— 高速公路	▨ 滞洪区	
– – – 主要铁路	——— 河流	
	——— 南水北调中线	

比例尺
1：300000

（112）宝泉水文站以上流域站网分布图。

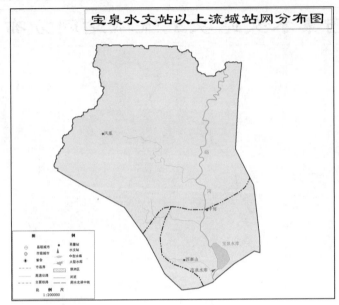

（113）薄山水文站以上流域站网分布图。

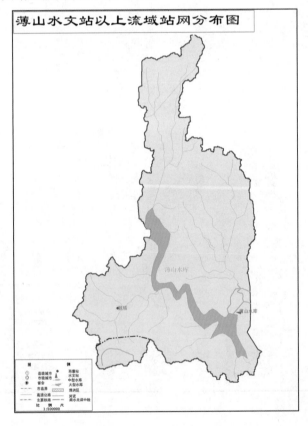

（114）半店水文站以上流域站网分布图。

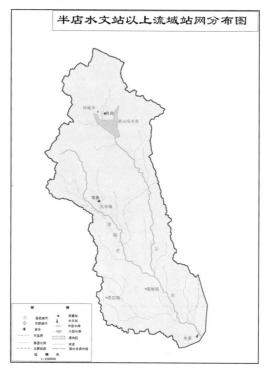

（115）板桥水文站以上流域站网分布图。

(116)班台水文站以上流域站网分布图。

(117)白土岗水文站以上流域站网分布图。

（118）白沙水文站以上流域站网分布图。

（119）白牛水文站以上流域站网分布图。

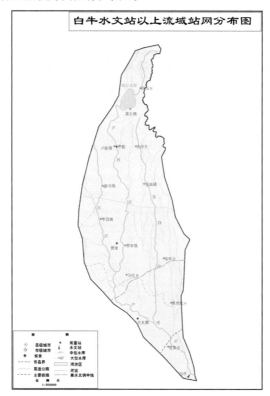

（120）白龟山水文站以上流域站网分布图。

（121）八里营水文站以上流域站网分布图。

（122）安阳水文站以上流域站网分布图。